农业农村人才学习培训系列教材

农业青年科技人才能力提升十五讲

中共农业农村部党校
农业农村部管理干部学院　组编

中国农业出版社
北　京

图书在版编目（CIP）数据

农业青年科技人才能力提升十五讲 / 中共农业农村
部党校，农业农村部管理干部学院组编. —北京：中国
农业出版社，2022.12
农业农村人才学习培训系列教材
ISBN 978-7-109-30230-3

Ⅰ.①农⋯　Ⅱ.①中⋯　②农⋯　Ⅲ.①农业技术－人
才培养－教材　Ⅳ.①S

中国版本图书馆 CIP 数据核字（2022）第 221499 号

中国农业出版社出版
地址：北京市朝阳区麦子店街 18 号楼
邮编：100125
责任编辑：孙鸣凤
版式设计：王　晨　　责任校对：周丽芳
印刷：北京中兴印刷有限公司
版次：2022 年 12 月第 1 版
印次：2022 年 12 月北京第 1 次印刷
发行：新华书店北京发行所
开本：700mm×1000mm　1/16
印张：15
字数：270 千字
定价：89.00 元

《农业青年科技人才能力提升十五讲》

编 写 组

主　编：周云龙　　向朝阳

策　划：闫　石　徐　倩

编　写：金文成　　周云龙　　沈彦俊　　张　文　　赵玉林

　　　　孙福宝　　彭　超　　武拉平　　苗水清　　韩　青

　　　　左　停　　于海波　　康相涛　　金书秦

组　稿：沈振鹏　　舒　畅

核　对：许　晶　李　军　杜蕊花　　张　萌　　郝庆平

■ ■ ■

　　教材是培训教学的基础载体，是培训教学组织的基本规范，是培训教学活动的基干要件，是培训教学研究水平的重要体现。《干部教育培训工作条例》《2018—2022年全国干部教育培训规划》明确提出，要加强教材建设，开发一批适应干部人才履职需要和学习特点的培训教材和基础性知识读本；各地区各部门各单位结合实际，开发各具特色、务实管用的培训教材，根据形势任务变化及时做好更新。

　　多年来，农业农村部管理干部学院（中共农业农村部党校）始终坚持深入贯彻党中央关于干部教育培训工作决策部署，以宣传贯彻习近平新时代中国特色社会主义思想、助力实施乡村振兴战略为己任，把教材建设作为夯实培训基础能力、推进培训供给侧结构性改革的重要抓手，把创编什么教材同培训什么人、怎样培训人、办什么班、开什么课、请什么人讲联动起来，把组织编写、推广使用培训教材同教学、管理队伍建设结合起来，系统提升办学办训能力。围绕走中国特色农业农村现代化道路、全面推进乡村振兴，编写出版了"三农"理论政策、现代农业发展、农业农村法治、农民合作社发展、农业财务管理等方面特色教材50余种，得到了广大学员、同行的普遍好评。

　　党的二十大报告强调指出，全面建设社会主义现代化国家，最艰巨最繁重的任务仍然在农村；要加快建设农业强国，扎实推动乡村产业、人才、文化、生态、组织振兴。功以才成、业由才广。全面推进乡村振兴，建设宜居宜业和美乡村，需要着眼人才"第一资源"的基础性、战略性支撑作用，培育、汇聚一大批高素质人才，推动开辟发展新领域新赛道、塑造发展新动能新优势，带动实现农业强、农村美、农民富。适应新时代新征程要求，培养造就一支懂农业、爱农村、爱农民的"三农"工作队伍，建设一支政治过硬、本领过硬、作风过硬的乡村振兴干部队伍，如何更好发挥教育培训的先导性、基础性、战略性作用，是一个必须回答好的新课题。

高质量教育培训离不开高水平教材的基础支撑。我们把 2022 年定为"教材建设年"，以习近平总书记关于"三农"工作重要论述为指引，发挥我院在相关领域的专业积累优势，系统谋划、专题深化，组织编写"农业农村人才学习培训系列教材"。重点面向农村基层组织负责人、农业科研人才、农业企业家、农业综合行政执法人员、农民合作社带头人及农民合作社辅导员、家庭农场主、农村改革服务人才、农业公共服务人才等乡村振兴骨干人才，提供政策解读和实践参考。编写工作遵循教育培训规律，坚持理论联系实际，注重体现时代特点和实践特色，努力做到针对性与系统性、有效性与规范性、专业性与通俗性、综合性与原创性的有机统一。该系列教材计划出版 10 种，在农业农村部相关司局指导下，由我院骨干教师为主编写，每种教材都安排试读试用并吸收了一些学员、部分专家的意见建议，以保证编写质量。

我们期待，本系列教材能够有效满足读者的学习成长需要，为助力乡村人才振兴发挥应有作用。

向朝阳

2022 年 12 月

■ ■ ■

　　科技兴则民族兴，科技强则国家强。在"三农"领域，科技强农一直是我国农业发展的必胜法宝。曾经，我们的先辈依靠"沟洫洗土""多粪肥田""套作间作"等科学的耕作方法，实现了"春种田苗夏籽耘，秋收大有民同欣"的丰收景象；新中国成立以来，以袁隆平先生为代表的老一辈农业科学家，贡献了毕生心血，实现了用世界9%耕地养活世界近20%人口的世界奇迹；进入新时代，靠着一批又一批农业科技人才的辛勤付出，支撑起"十三五"期间农作物耕种收综合机械化率超过71%，农作物良种覆盖率稳定在96%以上，畜禽粪污综合利用率超过76%，粮食年产量稳定在1.3万亿斤以上等重大成果。

　　习近平总书记强调，农业农村现代化是实施乡村振兴战略的总目标，农业现代化关键在科技进步和创新。农业科技进步关键在农业科技人才，特别是新生代青年农业科技人才。要承担起科技助力乡村振兴这个重担，青年同志们需要在实践中努力淬炼科研素养、提升科研能力。宋代教育家胡瑗在《松滋儒学记》中指出："致天下之治者在人才，成天下之才者在教化。"我认为，"教化"的重要工具之一就是教材，《农业青年科技人才能力提升十五讲》就是这样一本面向农业青年科技人才的辅导书。读完此书，我有三点感受。

　　一是恰逢其时。习近平总书记2021年强调要把培育国家战略人才力量的政策重心放在青年科技人才上。唐仁健部长在2021年全国农业科技人才工作交流会上着重指出，让更多青年人才担纲领衔重要科研任务，扶壮青年科技人才队伍。《"十四五"农业农村人才队伍建设发展规划》中明确指出，要培养具有国际竞争力的青年科技人才后备军。当前，国际竞争新格局对我国农业科技原始创新能力提出新挑战，生物技术和信息技术革命为农业科技发展带来新的机遇，农业农村高质量发展提上日程，种源等农业"卡脖子"关键核心技术亟待突破，农业质量效益竞争力亟须大幅度提升，发挥农业"压舱石"作用比过去任何时候都需要科学技术解决方案，高标准农田、农业机械化等"十四五"重点提升的八个方向成为农业科技发力的重点领域，急需农业青年科技人才不断提升能力、增长才干，适应新形势新要求。这本书正是在这个大背景下与各位读者见面，可以说是应运而生，恰逢其时。

二是切中需求。农业农村部管理干部学院长期承担着全国农业农村系统干部人才培训工作，对农业青年科技人才教育培训有深入研究和丰富实践，发现农业青年科技人才在工作中往往存在方向不清、创新不够、调研不实、沟通不畅等这样或者那样的"本领恐慌"。统编此书前，学院专门面向多家涉农科研单位的农业青年科技人才进行了系统调研，梳理出大家最为关切、最需要提升的关键能力，按以需求为导向的编写思路安排权威专家承担撰写任务。相信每位翻开这本书的青年同志都能解决一些疑难与困惑，获得一些帮助和启示。比如，农业农村部科技教育司一级巡视员张文提出"提高农业科技创新能力"应当具备"五种意识""五种能力"；中国农业科学院成果转化局局长赵玉林研究员指出"提高农业科技成果转化能力"，不仅要具备掌握国家政策、专业业务能力、表达沟通能力等基本能力，还要具有规划咨询、宣传推广、田间课堂等公益性转化能力，更要具备把握市场动态、知识产权保护等商业化转化能力。

三是饱含真情。十五讲，围绕十五个主题，向青年同志们或传授科研能力提升的方式方法，或介绍宏观科研形势和发展方向，或介绍科研团队管理经验，或结合成长经历感悟"三农"情怀，篇篇真本事，句句真感情，给"优秀农业科研工作者"做了较为清晰的画像。比如，要有"爱农、扶农、兴农"的赤子情怀——农业农村部农村经济研究中心金书秦研究员在文中写道："光靠冰冷的数据制定不出有温度的政策"，要"蹲下身子倾听了解基层困难和农民的急难愁盼"；要发扬艰苦创业、自力更生精神——人称"鸡司令"的第七届中华农业英才奖获得者康相涛教授在家禽基地简陋的房子里一住就是16年，每天伴着鸡鸣而起，伴着奶牛的反刍声入眠；要尊重现实背景和客观规律搞研究——农业农村部管理干部学院彭超研究员提到中国的"三农"研究离不开中国的制度场景，"三农"社会科学研究者要读"万卷书"、行"万里路"。

"红日初升，其道大光。"我国正处于实现中华民族伟大复兴和全面实施乡村振兴战略的关键时期，正是广大农业青年科技工作者施展抱负、建功立业的好时候。希望从书中汲取力量，始终心怀"国之大者"，坚守"三农"情怀，树立科学精神，强化科学素养，用科研特长绽放创新活力，助力农业农村现代化进程实现，成就人生理想和价值！

周云龙

2022 年 9 月

■ ■ ■ ■

　　一直以来，党和国家都非常关心青年科技人才的成长进步。习近平总书记在 2021 年中央人才工作会议上强调："要造就规模宏大的青年科技人才队伍，支持青年人才挑大梁、当主角。"在全面实施乡村振兴的背景下，加快培养造就一支创新能力强、综合素质高的青年农业科技人才队伍，不断提高农业科技自主创新能力、促进农业科技成果转化应用，具有重要的现实意义和长远的战略意义。2021 年，农业农村部唐仁健部长在全国农业科技人才工作交流会上强调建设农业科技领域"四支队伍"，特别提出要扶壮青年科技人才队伍；《"十四五"农业农村人才队伍建设发展规划》要求把培育国家农业战略人才力量的政策重心放在青年农业科技人才上，稳定支持一批创新潜力突出的青年农业科技人才。

　　近年，农业农村部管理干部学院一直在农业青年科技人才培养方面进行着不懈的探索，分级分类开展了大量专业化能力提升培训工作，得到了学员派出单位和参训学员的高度评价。在此期间，不断有学员反馈：培训是一种短期强化训练，虽然效果很好，但是毕竟时间短且机会难得，如果能辅以有针对性的教科书，能够在平时不断学习揣摩，会更有帮助。《中华书局宣言书》曾说："国立根本，在乎教育，教育根本，实在教科书。"为此，学院专门组建专班，积极推进面向农业青年科技人才的教材编写工作，力求满足农业青年科技人才专业化能力提升需求。

　　为保证教材的针对性和实效性，我们面向农业科研机构、涉农高校、农业企业等单位开展了广泛调研，深入了解农业青年科技人才在专业化能力提升方面面临的问题、困惑与需求。通过对调研结果进行汇总梳理，我们了解到，政治能力、科技创新能力、科技成果转化能力、调查研究能力、科研团队管理能力、科研项目管理能力这六个方面是目前农业青年科技人才非常关心、急需提升的。因此，本书重点围绕以上能力提升的方法路径编撰而成。

本书共安排了十五讲内容。其中，如针对农业青年科研工作者不擅长用经典理论指导实际科研工作等问题，安排"以科学理论指导农业科研工作"一讲重点强化；针对农业青年科研工作者对国家农业科研发展方向把握不准的情况，设计"现代农业科技发展趋势"一讲详细介绍；针对农业青年科研工作者存在的实地调研经验少、申报课题难度大等科研基本功问题，安排讲授调查研究、学术论文撰写、课题申报等相关内容；针对农业青年科研工作者缺少科研项目管理、科研团队协作的经验，设计讲授农业科研项目的管理决策、管理方法与项目团队协助技巧等相关内容，等等，旨在通过系统的总结梳理，帮助读者尤其是农业青年科技工作者，理解贯彻中央关于农业科研工作的重要指示精神，系统掌握农业科研能力提升一般方法，高质量地开展好农业科研工作。

本书特别邀请了在科研领域特别是农业科研领域有着卓越建树的专家领导参与各讲的撰写工作，各讲撰稿人岗位不同、角度各异，有的侧重理论阐释，有的侧重实践体会，有的侧重成长感悟，文风写法虽有不同，但是都饱含着对农业青年科技人才传道授业解惑和殷殷期许。

希望本书能够成为广大农业青年科技工作者提升专业能力、强化科学素养的好工具、好帮手，为助力科技强农、科技兴国贡献力量！

本书编写组

2022 年 9 月

CONTENTS | 目录

以科学理论指导农业科研工作

主讲人：金文成_____

　　现任农业农村部农村经济研究中心主任、党组副书记。长期从事农村改革和经营体制创新工作，参与起草并推动出台了《中华人民共和国农村土地承包法》，推动建立了农村土地承包法律政策体系；参与起草并推动出台了《中华人民共和国农村土地承包经营纠纷调解仲裁法》及相关配套规章，推动建立了农村土地承包经营纠纷调解仲裁体系；组织开展了全国农村土地承包经营权确权登记颁证试点，推动建立了农村土地承包经营权确权登记制度体系；组织开展了农村土地承包关系长久不变、健全农村土地承包经营权流转市场等研究，推动建立了农村土地承包经营权流转市场体系；组织开展了政府购买农业社会化服务试点，推广农业生产托管经验，推动出台支持农业生产性服务业发展的意见。组织编写《中国共产党农史纲要》《乡村振兴典型案例》，多次参与中央农村工作会议文件起草工作。

党的十八大以来，习近平总书记从党和国家事业全局出发，对新时代"三农"工作作出一系列重要指示批示，形成了新时代关于"三农"工作的重要论述。深入学习贯彻落实习近平总书记关于"三农"工作的重要论述，是当前和今后一个时期"三农"工作的一项重大政治任务。作为"三农"工作者，尤其是农业青年科技人才，学深学透、用好用活习近平总书记关于"三农"工作的重要论述既是职责所在，也是使命担当。

一、深入学习领会习近平总书记关于"三农"工作的重要论述的重大意义

（一）学深悟透做实习近平新时代中国特色社会主义思想的必然要求

习近平新时代中国特色社会主义思想系统科学地回答了新时代坚持和发展什么的中国特色社会主义、怎样坚持和发展中国特色社会主义这个重大的时代课题，是推动新时代党和国家事业不断向前发展的科学指南，是引领中国、影响世界的当代中国马克思主义、21世纪的马克思主义。习近平总书记关于"三农"工作的重要论述是习近平新时代中国特色社会主义思想的重要组成部分，是中国特色社会主义道路在农业农村的探索创造，是"五位一体"总体布局、"四个全面"战略布局在农业农村工作中的直接体现，是新发展理念在农业农村工作中的具体实践，是习近平新时代中国特色社会主义思想在"三农"领域的细化实化和具体化。党的十八大以来，习近平总书记始终高度重视"三农"工作，对"三农"重大问题深入思考、重大工作亲自部署、重大改革亲自推动，把"三农"工作摆在治国理政的重中之重地位，从全局和战略高度提出了一系列重要论断、重大判断和重大举措，形成了指导新时代党的"三农"工作的理论体系。作为"三农"工作者，尤其农业青年科技人才是"三农"发展的未来和希望，学深悟透做实习近平中国特色社会主义思想，首要是学深悟透做实习近平总书记关于"三农"工作的重要论述，并贯彻落实到具体工作中，深刻领悟"两个确立"的决定性意义，切实增强"四个意识"，坚定"四个自信"，做到"两个维护"。

（二）精准把握党的"三农"理论创新发展成果的必然要求

我们党历来高度重视"三农"工作，无论在任何时期，都力求正确认识和解决好"三农"问题，形成了既富有时代特点、解决当下问题，又一脉相承、不断发展创新的"三农"理论。党的十八大以来，以习近平同志为核心的党中央坚持把解决好"三农"问题作为全党工作的重中之重，把脱贫攻坚作为全面建成小康社会的标志性工程，推动党的"三农"工作实践创新、理论创新，指导农业农村发展取得了历史性成就，发生了历史性变革。习近平总书记提出的关于承包地"三权分置"、精准扶贫脱贫、绿水青山就是金山银山、实施乡村振兴战略、农业农村优先发展、城乡融合发展、促进小农户与现代农业有机衔接、农村人居环境整治、厕所革命和农业农村现代化等重大理念、战略、举措，都是对马克思主义理论的原创性贡献，推动了党的"三农"理论产生历史性飞跃，是我们党指导"三农"工作的最新理论成果。新时代，包括农业青年科技人才在内的"三农"工作者，担负着全面推进乡村振兴、加快农业农村现代化的历史重任，需要掌握的本领很多，最根本的本领还是理论素养。要把马克思主义立场、观点、方法作为我们做好工作的看家本领，深学细悟习近平总书记关于"三农"工作的重要论述，自觉用新时代党的"三农"创新理论观察新形势、研究新情况、解决新问题，推动"三农"各项工作朝着正确方向、按照客观规律前进。

（三）推动"三农"高质量发展的紧迫要求

新时代，全面推进乡村振兴，加快农业农村现代化，其深度、广度、难度都不亚于脱贫攻坚，迫切需要运用科学理论指导实践，解决农业农村发展面临的突出矛盾和问题。当前，农业基础地位仍然薄弱，农业农村现代化仍是"四化"中的短腿、短板，城乡发展不平衡不充分问题仍然突出，城乡二元结构状况和"大国小农"基本国情仍没有根本改变，统筹"两个大局"，成功应对全球政治经济发展的不确定性和复杂性，迫切需要巩固农业基础地位、全面推进乡村振兴、加快农业农村现代化。习近平总书记关于"三农"工作的重要论述，统筹"两个大局"，面向"两个一百年"，适应我国社会主要矛盾变化，对解决好"三农"问题作出了深刻阐述，其巨大的理论价值和实践价值已经为近十年农业农村取得的历史性成就、发生的历史性变革所证明，必将成为做好新时代新征程"三农"工作，全面推进乡村振兴、加快农业农村现代化的科学指南。包括农业青年科技人才在内的"三农"工作者，要发扬敢于斗争精神，从我国基本国情农情出发，沿着党中央确定的战略目标，以习近平总书记关于"三农"工作的重要论述为指导，努力破解农业农村发展难题，全面推进乡村振兴、加快农业农村现代化。

二、深入学习掌握习近平总书记关于"三农"工作重要论述的科学思维和工作方法

习近平总书记关于"三农"工作的重要论述，凝聚着总书记"以人民为中心"的价值观和"三农"情怀，体现了总书记重农、爱农、为农、兴农的价值导向和理念，是我们党坚持人民立场在"三农"工作中的具体体现。习近平总书记关于"三农"工作的重要论述蕴含着科学思维和工作方法，闪耀着辩证唯物主义、历史唯物主义方法论光芒，我们要用心体会，努力掌握运用。

坚持战略思维，胸怀"国之大者"，胸怀大局、把握大势、着眼大事，始终从全局和战略的高度看待"三农"问题，把解决好"三农"问题放在巩固党的执政基础、实现两个百年目标的大局中科学谋划、持续推动。

坚持辩证思维，科学运用"两点论"思想方法和矛盾分析方法，洞察事物发展规律，抓住关键，找准重点，明确抓手平台，着力解决突出问题，推动"三农"事业发展。

坚持历史思维，用大历史观看"三农"，把握"三农"发展的历史方位和战略定位，用历史眼光思考谋划"三农"工作，从历史长河的经验教训中汲取推动"三农"发展的智慧和力量。

坚持系统思维，从系统、要素、环境的相互联系、相互作用中把握事物、分析问题、指导工作，加强顶层设计和整体谋划，统筹改革发展稳定，增强各项工作的关联性、系统性、协同性。

坚持创新思维，把创新摆在国家发展全局的核心位置，与时俱进，开拓创新，创造性地解决"三农"发展突出矛盾和问题的思路和方法，找到破解"三农"

发展难题的钥匙和支点。

坚持底线思维，时刻增强忧患意识，守住底线，作最坏的打算，争取最好的结果，绝不在根本性问题上犯颠覆性错误，既不走封闭僵化的老路，也不走改弦易辙的邪路，坚定不移走中国特色乡村振兴之路。

与此同时，习近平总书记在亲自推动"三农"工作中也形成了积极探索和坚守底线相统一、重点突破和整体推进相协调、顶层设计和基层探索相结合、明确目标与狠抓落实相统一、改革实践与理论创新相促进、目标导向和问题导向相结合的工作方法。

习近平总书记的科学思维和工作方法，是我们党实事求是思想路线在治国理政中的具体体现。我们要学深悟透，不断提升以科学理论指导解决实际问题的能力，避免工作上的形式主义、官僚主义和片面性、简单化，不断增强工作的预见性、科学性、主动性和实效性。

三、深入学习把握"三农"的历史方位和战略定位

在脱贫攻坚目标任务已经完成的形势下，在向第二个百年奋斗目标迈进的历史关口，特别是在新冠肺炎疫情影响持续和世界动荡日益加剧的特殊背景下，如何看"三农"、识"三农"是需要全党全社会特别是"三农"工作者高度重视的关系全局的重大问题。

（一）要从中华民族伟大复兴战略全局看"三农"，立足两个百年奋斗目标，深刻理解"三农"工作在党和国家事业全局中的极端重要性

在党的百年征程中，革命、建设和改革发展每个历史阶段，"三农"都作出了巨大贡献。习近平总书记指出，"历史和现实都告诉我们，只有深刻理解了'三农'问题，才能更好理解我们这个党、这个国家、这个民族。"全面建设社会主义现代化国家，实现中华民族伟大复兴，最艰巨最繁重的任务依然在农村，最广泛最浓厚的基础依然在农村，农业农村现代化还是"四化同步"的短腿弱项。习近平总书记指出，"民族要复兴，乡村必振兴"，深刻阐明了民族复兴大业中"三农"的历史方位，我们要始终坚持把解决好"三农"问题作为全党工作重中之重，全面推进乡村振兴。

（二）要从世界百年未有之大变局看"三农"，立足我国和平崛起的大势，深刻理解夯实"三农"压舱石的极端重要性

在世界百年未有之大变局中，只有稳住农业农村，才能为我国和平崛起、战胜一切风险挑战提供坚强的基础支撑。在进行社会主义现代化建设过程中，保持城乡间农民自由流动、亦工亦农的状态，既是我国城镇化道路上的一个特色，也是我国应对风险挑战的回旋余地和特殊优势。习近平总书记指出，"稳住农业基本盘、守好'三农'基础是应变局、开新局的'压舱石'"，深刻阐明了在百年未有之大变局中"三农"的战略地位，我们要把"三农""压舱石"筑得更牢、夯得更实。

（三）要从构建新发展格局看"三农"，立足国内发展阶段变化，深刻认识扩大农村内需对构建新发展格局的极端重要性

全面建成小康社会后，我国开启了全面建设社会主义现代化国家新征程。新征程正处于加快构建以国内大循环为主体、国际国内双循环相互促进的新发展格局的历史阶段。按照户籍划分，我国还有7亿多人口在乡村（2020年农村户籍人口占54.6%）；按常住人口划分，我国仍有近5亿人常住在乡村（2021年首次降到5亿人以下，达4.98亿人）。在与城镇人口同步迈向现代化的进程中，乡村将释放出巨量的消费和投资需求。这是确保国际国内双循环健康发展的关键因素。习近平总书记指出，"把战略基点放在扩大内需上，农村有巨大空间，可以大有作为"，深刻阐明了扩大内需的战略重点。我们要把扩大农村内需作为战略基点，着力在促进城乡经济循环协调发展上下功夫。

四、深入学习把握坚持走中国特色乡村振兴之路

在现代化进程中，如何处理好工农关系、城乡关系，在一定程度上决定着现代化的成败。世界各国现代化的历程表明，工农关系、城乡关系处理不好，很容易造成社会动荡，陷入"中等收入陷阱"。习近平总书记总结世界现代化的经验教训并深刻指出，"在现代化进程中，城的比重上升，乡的比重下降，

是客观规律，但在我国拥有近 14 亿人口的国情下，不管工业化、城镇化进展到哪一步，农业都要发展，乡村都不会消亡，城乡将长期共生并存，这也是客观规律。""两个规律"是对"两个趋向"的进一步丰富和发展，科学揭示了工农城乡关系变化的历史规律，为新时代全面实施乡村振兴战略，促进城乡融合发展，构建新型工农城乡关系提供了理论依据。

实现 2 亿多农户这么大规模的农业农村现代化，在国际上是没有现成的经验或者成熟的模式可以借鉴的，在国内也是一个前无古人后无来者的伟大事业，必须立足大国小农的基本国情农情，走中国特色农业农村现代化道路，走中国特色社会主义乡村振兴道路。习近平总书记从七个方面阐述了中国特色社会主义乡村振兴道路的内涵，要求重塑城乡关系，走城乡融合发展之路；巩固完善农村基本经营制度，走共同富裕之路；深化农业供给侧结构性改革，走质量兴农之路；坚持人与自然和谐共生，走乡村绿色发展之路；传承发展提升农耕文明，走乡村文化兴盛之路；创新乡村治理体系，走乡村善治之路；打好精准脱贫攻坚战，走中国特色减贫之路。从根本上讲，乡村振兴道路的中国特色主要体现在：坚持中国共产党的全面领导是根本，坚持农村土地集体所有制是方向，坚持实现共同富裕是标志。新时代"三农"工作，要围绕农业农村现代化这个总目标来推进，坚持农业现代化和农村现代化一体设计、一并推进。当前，距基本实现农业农村现代化只有不到 15 年时间，要以只争朝夕的精神加快推进。

五、深入学习把握保证国家粮食安全是国之大者

解决好十几亿人口的吃饭问题，始终是我们党治国理政的头等大事。

（一）要深刻领悟"国之大者"

习近平总书记指出，粮食安全是国之大者。所谓"国之大者"，就是党中央关心的、强调的，是关系党和国家最重要的利益，是最需要坚定维护的立场。粮食安全是国家安全的基础。习近平总书记强调，"如果在吃饭问题上被'卡脖子'，就会一剑封喉。""三农"领域的"国之大者"，首要的是粮食安全。对此，各级领导干部特别是广大"三农"工作者，必须从讲政治的高度看"三

农"、抓粮食；必须对"国之大者"了然于胸，切实做到围绕"国之大者"抓主抓重，围绕中央部署落细落小；必须把习近平总书记的关心关切和中央的决策部署体现到具体工作任务安排上，落实到具体行动中，绝不能光说不练假把式。习近平总书记指出，"不能把粮食当成一般商品，光算经济账、不算政治账，光算眼前账，不算长远账。"粮食生产年年要抓紧，面积、产量不能掉下来，供给、市场不能出问题。

（二）要从战略层面深化认识

在党的坚强领导下，经过艰苦努力，我国以占世界 9% 的耕地、6% 的淡水资源，养活了世界近 20% 的人口，从当年 4 亿人吃不饱到今天 14 亿多人吃得好，有力回答了"谁来养活中国"的问题。但这只是过去时。当前和今后一个时期，如果不能持久而稳定地解决好十几亿人口的吃饭问题，那就要犯战略性错误。1986 年 6 月 10 日，邓小平同志在听取经济情况汇报时指出，"农业上如果有一个曲折，三五年转不过来"。习近平总书记反复强调，"粮食多一点少一点是战术问题；粮食安全则是战略问题""保障好初级产品供给是一个重大战略性问题，中国人的饭碗任何时候都要牢牢端在自己手中，饭碗主要装中国粮"。我们要始终绷紧粮食安全这根弦，抓住耕地保护和种业安全这"两个要害"，充分调动和保护好农民种粮积极性和主产区抓粮积极性，采取辅之以义和辅之以利的有效措施，坚持以我为主、立足国内、确保产能、适度进口、科技支撑的粮食安全战略，确保"谷物基本自给，口粮绝对安全"。

（三）要树立大食物观

我国 14 亿人口，每天要消耗 70 万吨粮、9.8 万吨油、192 万吨菜和 23 万吨肉。习近平总书记指出，"要树立大食物观，从更好满足人民美好生活需要出发，掌握人民群众食物结构变化趋势，在确保粮食供给的同时，保障肉类、蔬菜、水果、水产品等各类食物有效供给，缺了哪样也不行。"粮食安全，从本质上讲就是食物安全。

树立大食物观，要在保护好生态环境的前提下，做到"两拓展"和"五要"。即从耕地资源向整个国土资源拓展，宜粮则粮、宜经则经、宜牧则牧、宜渔则渔、宜林则林，形成同市场需求相适应、同资源环境承载力相匹配的现代农业生产结构和区域布局；从传统农作物和畜禽资源向更丰富的生物资源拓展，发展生物科技、生物产业。要向森林要食物，向江河湖海要食物，向设施农业要食物，向植物动物微生物要热量、要蛋白，全方位、多途径开发食物资源，丰富食物品种，实现各类食物供求平衡，更好满足人民群众日益多元化的食物消费需求。

树立大食物观，习近平总书记最不托底的是大豆和食用植物油。目前，大豆自给率不到 15%，食用植物油自给率只有 30%。这个问题自 2001 年我国加入世界贸易组织（WTO）就开始显现，至今已有 20 年了。我们要以更大决心、更实举措、更高要求，切实保障我国大豆油料和食用植物油供应安全。

树立大食物观，习近平总书记时刻记挂在心上的还有餐饮浪费问题。据中国科学院调查，我国餐饮食物浪费每年有 1 700 万～1 800 万吨，相当于 3 000 万～5 000 万人一年的口粮。联合国粮食及农业组织（FAO）估计中国每年粮食产后损失约占粮食总产量的 6%。习近平总书记强调，浪费之风必须狠刹！我们要立即行动起来，以身作则，节约粮食，杜绝浪费。

（四）要保住耕地这个粮食生产的命根子

习近平总书记强调，18 亿亩耕地必须实至名归，农田就是农田，而且必须是良田。第三次全国国土调查数据表明，我国耕地面积 2009—2019 年减少了 1.13 亿亩[①]，只剩 19.18 亿亩，人均耕地面积 1.36 亩/人，不到世界平均水平的 40%，比 2009 年的 1.52 亩/人减少了 0.16 亩/人，日益逼近 18 亿亩红线，必须引起警惕。落实最严格的耕地保护制度，要着重在"保数量、管用途、提质量"下功夫。保数量，要坚决守住 18 亿亩耕地红线，对耕地保护实行党政同责，把耕地保有量和永久基本农田保护目标任务足额带位置逐级分解下达，全面落实耕地保护责任制；要规范占补平衡，建立补充耕地立项、实施、验收、管护全程监管机制，确保补充可长期稳定利用的耕地，实现补充耕地产能与所占耕地相当。管用途，要坚决遏制耕地"非农化"、防止"非粮化"，切实加强用途管制，分类明确耕地用途，严格落实耕地利用优先序。18

---

① 亩为中国非法定计量单位，15 亩＝1 公顷。下同。——编者注

亿亩耕地主要用于粮食和棉、油、糖、蔬菜等农产品及饲草饲料生产，15.46亿亩永久基本农田重点用于粮食生产，10亿亩高标准农田原则上全部用于粮食生产。提质量，要切实加大耕地建设力度，把确保重要农产品特别是粮食供给作为首要任务，把提高农业综合生产能力放在更加突出的位置，要深入推进国家黑土地保护工程，把"藏粮于地、藏粮于技"真正落实到位。要采取"长牙齿"的硬措施，确保18亿亩耕地实至名归，严格管控耕地转为其他农用地。引导新发展林果业上山上坡，鼓励利用"四荒"资源，不与粮争地。要妥善处理好耕地保护和农民增收的关系，依法依规、稳妥有序地落实好耕地用途优先序。

（五）要把保障粮食安全的根本出路放在农业科技进步和创新上

习近平总书记指出，"解决吃饭问题，根本出路在科技。"2020年，我国农业科技进步贡献率达到60.7%，科技已成为农业发展最重要的驱动力。当前，科技发展日新月异，影响综合国力竞争的因素是科技创新能力。要立足我国国情，遵循农业科技规律，加快创新步伐，努力抢占世界农业科技竞争制高点，牢牢掌握我国农业科技发展主动权，为我国由农业大国走向农业强国提供坚实科技支撑。要给农业插上科技的翅膀。按照增产增效并重、良种良法配套、农机农艺结合、生产生态协调的原则，促进农业技术集成化、劳动过程机械化、生产经营信息化、安全环保法治化，加快构建适应高产、优质、高效、生态、安全农业发展要求的技术体系，走内涵式发展道路。要面向世界农业科技前沿、面向国家重大需求、面向现代农业建设主战场，加快推进农业关键核心技术攻关，加快建设世界一流学科和一流科研院所，推动我国农业科技整体跃升。要强化数字技术赋能科技创新，大力推进农业机械化、智能化，加快发展设施农业，提高土地产出率、资源利用率和劳动生产率。

要突出抓好种业振兴。种子是我国粮食安全的关键。种源安全关系到国家安全，必须下决心把我国种业搞上去。习近平总书记反复强调，"只有用自己的手攥紧中国种子，才能端稳中国饭碗，才能实现粮食安全""种源要做到自主可控，种业科技就要自立自强。这是一件具有战略意义的大事"。要把种源安全提升到关系国家安全的战略高度，全面实施种业振兴行动，集中力量破难题、补短板、强优势、控风险。要拿出攻破"卡脖子"技术的干劲，明确方向和目标，加快实施农业生物育种重大科技项目，早日实现重要农产品的种源自主可控。要弘扬袁隆平等老一辈科技工作者的精神，久久为功，实实在在打一场种业翻身仗。

六、深入学习把握以绿色发展引领乡村振兴是一场深刻革命

习近平总书记指出，"绿水青山就是金山银山。良好生态环境是农村最大优势和宝贵财富。"当前，治理农业面源污染、改善农村生态环境正处在治存量、遏增量的关口，松一篙，退千寻。要树牢绿色发展理念，充分认识当前农村生态环境治理的紧迫性和必要性，推动生产、生活、生态协调发展，推行绿色发展方式和生活方式，推动发展方式实现根本转变。

（一）要大力推进绿色兴农

要健全以绿色生态为导向的农业政策支持体系，建立绿色低碳循环的农业产业体系，加快构建科学适度有序的农业空间布局体系，彻底改变过度依赖资源消耗的发展模式。加强农业面源污染防治，实现投入品减量化、生产清洁化、废弃物资源化、产业模式生态化。强化土壤污染管控和修复，对东北黑土地实行战略性保护，要像保护大熊猫那样保护东北的黑土地。扩大华北地区地下水超采治理范围，加大近海滩涂养殖污染治理，分类有序退出超垦超载的边际产能。深入推进化肥农药等农业投入品减量增效，分类管控大田作物和经济作物用肥用药。化肥农药对大田作物稳定高产发挥重要作用，要统筹处理好肥药减量与作物提质增产的关系，加快建立以提高肥药利用效率为导向肥药减控机制。加强畜禽粪污处理和资源化利用，实施秸秆综合利用、农膜回收行动。大力发展种植养殖结合、生态循环农业，扩大绿色、有机和地理标志农产品种植养殖规模，推进农产品品种培优、品质提升、品牌打造和标准化生产。长江和黄河流域是我国生态环境建设的主战场。长江流域要坚决落实实施大保护、不搞大开发的要求，在长江流域水生生物保护区实施全面禁捕，做好十年禁渔和渔民上岸转产转业安置工作。黄河流域要加快发展节水农业、旱作农业。加快研发应用减碳增汇型农业技术，探索建立

碳汇产品价值实现机制。

（二）要建设良好的人居环境

习近平总书记指出，"良好人居环境，是广大农民的殷切期盼，一些农村'脏乱差'的面貌必须加快改变。"这是总书记给我们发出的改善农村人居环境的动员令。我们不能把一个脏乱差的乡村带进全面小康的新农村，更不能带进共同富裕的新时代。要实施农村人居环境整治行动，在已完成三年行动的基础上，进一步实施五年行动，聚焦农村生活垃圾处理、生活污水治理、卫生厕所建设、村容村貌整治等重点领域，梯次推动乡村山水田林路房整体改善。

习近平总书记强调，改善农村人居环境，"要注意生态环境保护，注意乡土味道，体现农村特点，保留乡村风貌，不能照搬照抄城镇建设那一套，搞得城市不像城市、农村不像农村。"良好生态环境是农村最大优势和宝贵财富。要守住生态保护红线，推动乡村自然资本加快增值，让良好生态成为乡村振兴的支撑点。要像保护眼睛一样保护生态环境，像对待生命一样对待生态环境。山水林田湖草沙是生命共同体，要统筹兼顾、整体施策、多措并举，全方位、全地域、全过程开展建设，让生态美起来、环境靓起来，再现山清水秀、天蓝地绿、村美人和的美丽画卷。决不能在建设过程把这些乡情美景都弄没了，要慎砍树、禁挖山、不填湖、少拆房，让人们望得见山，看得见水，记得住乡愁。无论是发达地区，还是欠发达地区，都要搞农村人居环境建设，但标准可以有高有低，建设好生态宜居的美丽乡村，让广大农民在乡村振兴中有更多获得感、幸福感。

七、深入学习领会把促进农民增收致富作为检验农村工作成效的重要尺度

说一千道一万，农民增收是关键。习近平总书记指出，"检验农村工作实效的一个重要尺度，就是看农民的钱袋子鼓起来没有。"促进共同富裕，最艰巨最繁重的任务依然在农村；要更加重视促进农民增收，通过多种途径增加农民收入，不断缩小城乡居民收入差距。

(一) 要充分认识增加农民收入的重要性

习近平总书记指出,"农民小康不小康,关键看收入。"随着我国全面建成小康社会、开启全面建设社会主义现代化国家新征程,促进全体人民共同富裕已经迫切地摆在我们面前。实现共同富裕,难点和重点仍然在农村,城乡区域发展和收入分配差距较大,仍是我国发展不平衡不充分问题的突出表现。习近平总书记多次强调,要把增加农民收入作为"三农"工作的中心任务。

(二) 要建立促进农民增收的长效机制

习近平总书记指出,"促进农民收入持续较快增长,要综合发力,广辟途径,建立促进农民增收的长效机制。"要提高农业生产效益,促进家庭经营收入稳定增长;要引导农村劳动转移就业,促进农民工资收收入稳定增长;要加大对农业的补贴力度,增加农民的转移性收入;要创造条件赋予农民更多财产权利,增加农民财产性收入。促进农民增收,难点在粮食主产区和种粮农户。既要考虑如何保证粮食产量,也要考虑如何提高粮食生产效益、增加农民种粮收入,实现农民生产粮食和增加收入齐头并进,不让种粮农民在经济上吃亏,不让种粮大县在财政上吃亏。

(三) 要把产业发展落实到促进农民增收上来

习近平总书记指出,"产业是发展的根基,产业兴旺,乡亲们收入才能稳定增长。"要紧紧围绕发展现代农业,围绕农村一二三产业融合发展,构建乡村产业体系,实现产业兴旺,把产业发展落到促进农民增收上来,推动乡村生活富裕。要顺应产业发展规律,立足当地资源特色资源,推动乡村产业发展壮大。要积极发展农村电子商务等新产业新业态,促进农民创新创业增收。要支持发展各具特色的现代乡村富民产业,推动资源变资产、资金变股金、农民变股东,发展壮大集体经济。

习近平总书记对贫困地区发展特色产业十分重视。他参加十三届全国人大二次会议河南代表团审议时提出"油茶产业真正把荒山变成金山银山",他到陕西柞水调研提出"小木耳、大产业",到山西大同调研提出"让黄花成为群众脱贫攻富的摇钱草"。在发展乡村产业中，习近平总书记时刻不忘保护农民利益。他多次强调发展乡村产业，"一定要突出农民主体地位，始终把保障农民利益放在第一位，不能剥夺或者削弱农民的发展能力。"

（四）要完善利益联结机制

习近平总书记指出，"不能把农民的土地拿走了，干得红红火火的，却跟农民没关系。"要把带动农民就业增收作为乡村产业发展的基本导向，把产业链主体留在县域，把就业机会和产业链增值收益留给农民，让农民更多分享产业增值收益。要通过就业带动、保底分红、股份合作等多种形式，让农民合理分享全产业链增值收益。

八、深入学习领会把建设美丽乡村作为新时代"三农"工作的重要课题

习近平总书记指出，"今后一个时期，是我国乡村形态快速演变的阶段，建设什么样的乡村、怎样建设乡村，是摆在我们面前的一个重要课题。"我们要牢记亿万农民对革命、建设、改革作出的巨大贡献，把乡村建设好。

（一）要走符合农村实际的乡村建设路子

乡村建设要遵循乡村自身发展规律，充分体现农村特点，注意乡村味道，保留乡村风貌，留得住青山绿水，记得住乡愁。但实际操作中，有些地方没有把握好，有的盲目大拆大建，贪大求洋，搞大广场、造大景点；有的机械照搬城镇建设那一套，搞得城不像城、村不像村；有的超越发展阶段、违背农民意愿，搞大规模村庄撤并。习近平总书记强调，"农村是我国传统文明的发源地，乡土文化的根不能断，农村不能成为荒芜的农村、留守的农村、记忆中的故园。"

（二）要坚守乡村建设为农民而建的宗旨

2022年中央1号文件明确提出"乡村振兴是为农民而兴，乡村建设是为农民而建"的要求。这既是党以人民中心的宗旨意识在"三农"工作中的具体

体现，也是我们做好乡村建设、全面推进乡村振兴的首要出发点和落脚点。要尊重农民的主体地位，多听农民的呼声，多从农民角度思考。把农民群众满意不满意、答应不答应，作为检验乡村建设成效的根本标准。把农民群众最关心最直接最现实的利益问题，一件一件找出来、解决好，不开空头支票，让农民的获得感、幸福感、安全感更加充实、更有保障、更可持续。

（三）要把公共基础设施建设的重点放在农村

现阶段，城乡差距大最直观的表现是基础设施和公共服务差距大。习近平总书记指出，"要实施乡村建设行动，继续把公共基础设施建设的重点放在农村。"着力推进农村基础设施往村覆盖、往户延伸，对群众需求强烈、短板突出、兼顾生产生活的项目优先安排，干一个成一个，逐步把大件要件配上，让农民适时过上现代文明生活，使农村具备基本现代化生活条件。接续推进农村人居环境整治提升行动，重点抓好改厕和污水、垃圾处理，健全生活垃圾处理长效机制。注重保护传统村落和乡村特色风貌，加强分类指导。

（四）要把县域作为城乡融合发展的重要切入点

习近平总书记指出，"要把县域作为城乡融合发展的重要切入点，推进空间布局、产业发展、基础设施等县域统筹，把城乡关系摆布好处理好，一体设计、一并推进。"实施乡村建设行动，要推动一个统筹、一个转变、建立健全两个体系和一项制度。即强化基础设施和公共事业县乡村统筹，加快形成县乡村功能衔接互补的建管格局，推动公共资源在县域内实现优化配置，推进以县城为重要载体的城镇化建设，促进农民在县域内就近就业、就地城镇化。加强普惠性、兜底性、基础性民生建设，推动基本公共服务供给由注重机构行政区域覆盖向注重常住人口服务覆盖转变。建立健全县域内城乡一体的就业创业、教育、医疗、养老、住房等政策体系，逐步建立健全全民覆盖、普惠共享、城乡一体的基本公共服务体系，强化城乡要素平等交换和公共资源均衡配置的制度保障。

农民工进城是个大趋势，要促进农业转移人口市民化。农民工亦工亦农在城乡间流动是我国现代化进程中的特有现象。农民进城要符合客观规律，他们在城里没有稳定地扎下根前，不要着急收回他们在农村的土地承包权、宅基地使用权和集体收益分配权，要保持历史耐心。

（五）要健全乡村建设实施机制

习近平总书记指出，"乡村建设要遵循城乡发展建设规律，做到先规划后建设。"要引导规划、建筑、园林、景观、艺术设计、文化等方面的设计大师、优秀团队下乡，发挥好乡村能工巧匠的作用，把乡村规划建设水平提升上去。注重地域特色，尊重文化差异，以多样化为美，把挖掘原生态村居风貌和引入现代元素结合起来。突出村庄的生态涵养功能，保护好林草、溪流、山丘等生态细胞，打造各具特色的现代版"富春山居图"。学习借鉴浙江"千村示范、万村整治"的经验，因地制宜，精准施策，稳扎稳打，久久为功，一张蓝图干到底。

习近平总书记强调，"乡村建设要坚持数量服从质量、进度服从实效，求好不求快，把握乡村建设的时度效。"要加强分类指导，不要"一刀切"、搞运动，看得准的抓紧干起来，一时看不准的可以等一等。要根据不同村庄的发展现状、区位条件、资源禀赋等，分类推进乡村建设。要立足村庄现有基础开展建设，不盲目搞大拆大建，不盲目拆旧村、建新村，不超越发展阶段搞大融资、大开发、大建设，不搞政绩工程、形象工程，防止乡村景观城市化、西洋化，真正把好事办好、把实事办实。

九、深入学习领会把推进乡村治理体系和治理能力现代化作为农村现代化的重要内容

乡村是我们党执政大厦的地基，治理有效是乡村振兴的重要保障。习近平总书记指出，"农村现代化既包括'物'的现代化，也包括'人'的现代化，还包括乡村治理体系和治理能力现代化。"要树立系统治理、依法治理、综合治理、源头治理的理念，健全党组织领导的自治、法治、德治相结合的乡村治理体系，构建共建共治共享的社会治理格局，建立健全党委领导、政府负责、社会协同、公众参与、法治保障、科技支撑的现代乡村社会治理体制，走乡村善治之路，实现治理有效。

(一) 要不断加强农村基层组织建设

基础不牢,地动山摇。习近平总书记指出,"只有把基层党组织建设强、把基层政权巩固好,中国特色社会主义的根基才能稳固。"要突出抓基层、强基础、固基本的工作导向。建立和完善以党的基层组织为核心、村民自治和村务监督组织为基础、集体经济组织和农民合作组织为纽带、各种经济社会服务组织为补充的农村组织体系,使各类组织各有其位、各司其职。

(二) 要创新机制提高乡村治理效能

习近平总书记指出,"要坚持和完善新时代'枫桥经验',切实把矛盾化解在基层,维护好社会稳定。"用好现代信息技术,创新乡村治理方式,提高乡村善治水平。深入开展乡村治理体系建设试点示范和乡村治理示范村镇创建,推广运用"积分制""清单制"等形式,创新乡村治理抓手和载体。丰富基层民主协商的实现形式,让农民自己"说事、议事、主事",做到村里的事村民商量着办。把村民服务中心作为基层治理体系建设的重要阵地建设好。

(三) 要切实维护农村社会稳定

习近平总书记强调,"基层是社会和谐稳定的基础。"要从完善政策、健全体系、落实责任、创新机制方面入手,及时反映和协调农民各方面利益诉求,处理好政府和群众利益关系。完善社会矛盾纠纷多元预防调处化解综合机制,从源头上预防减少社会矛盾,做到"小事不出村、大事不出镇、矛盾不上交",切实把矛盾化解在基层。深入推进平安乡村建设,构建农村立体化社会治安防控体系。巩固农村扫黑除恶成果,常态化开展扫黑除恶斗争,持续打击"村霸"。

(四) 要加强农村精神文明建设

习近平总书记强调,"乡村不仅要塑形,更要铸魂。"农村精神文明建设是滋润人心、德化人心、凝聚人心的工作。要加强农村思想道德建设,弘扬和践行社会主义核心价值观,推进农村思想政治工作,把农民群众的精气神振提起来。要弘扬主旋律和社会正气,培育文明乡风、良好家风、淳朴民风。要以农民群众喜闻乐见的方式，深化中国特色社会主义和中国梦宣传教育，弘扬民族精神和时代精神。要深入挖掘、继承、创新优秀传统乡土文化，让有形的乡村文化留得住，让活态的乡土文化传下去，把我国农耕文明优秀遗产和现代文明要素结合起来，赋予新的时代内涵。持续推进农村移风易俗，把反对铺张浪费、反对婚丧大操大办、抵制封建迷信作为农村精神文明建设的重要内容，推动移风易俗，革除陈规陋习，反对迷信活动，引导树立勤俭节约的文明新风。

十、深入学习掌握把深化农村改革作为全面推进乡村振兴的重要法宝

习近平总书记指出，"要用好深化改革这个法宝。"解决农业农村发展面临的各种矛盾问题，根本要靠深化改革。改革开放以来，农村改革的伟大实践，推动我国农业生产、农民生活、农村面貌发生了翻天覆地的变化。特别是党的十八届三中全会以来，中央全面部署、系统推进农村改革，一些长期制约农业农村发展的体制机制障碍逐步得到破解，基础性关键性制度更加完善，农业农村优先发展的制度框架和政策体系初步形成，进一步解放和发展了农村社会生产力，增强了农业农村发展活力，为打赢脱贫攻坚战和全面建设小康社会提供了重要制度支撑。新时代全面推进乡村振兴，必须继续用好深化农村改革。

（一）要毫不动摇坚持农村基本经营制度

习近平总书记指出，"我国农村改革是从调整农民和土地的关系开启的。新形势下深化农村改革，主线仍然是处理好农民和土地的关系。最大的政策就是必须坚持和完善农村基本经营制度，决不能动摇。"以家庭承包经营为基础、统分结合的双层经营体制是我国农村基本经营制度，这是党尊重农民首创精神依法确立的，能够适应不同生产力发展的要求，必须毫不动摇地长期坚持。具体讲有三个方面的要求，即坚持农村土地集体所有，这是坚持农村基本经营制度的"魂"；坚持家庭经营基础地位，这是农民土地承包经营权的根本，也是农村基本经营制度的根本；坚持稳定农村土地承包关系，这是维护农民土地承包经营权的关键。习近平总书记强调，"农村土地承包关系要保持稳定，农民的土地不要随便动。农民失去土地，如果在城镇待不住，就容易引发大问题。

这在历史上是有过深刻教训的。这是大历史，不是一时一刻可以看明白的。在这个问题上，我们要有足够的历史耐心。"

坚持农村基本经营制度，还要在完善农村基本经营制度上下功夫。"大国小农"是我国的基本国情农情。人均一亩三分地、户均不过十亩田的小农生产经营方式，是我国农业发展需要长期面对的现实。习近平总书记指出，发展多种形式适度规模经营，培育新型农业经营主体，是建设现代农业的前进方向和必由之路。要按照依法自愿有偿原则，规范引导农户流转承包地，发展适度规模经营。要处理好培育新型农业经营主体和扶持小农户的关系，发挥小农户在传承农耕文明、稳定农业生产、解决农民就业增收、促进农村社会和谐稳定等方面不可替代的作用，大力发展农业专业化社会化服务组织，将先进适用的品种、投入品、技术、装备导入小农户，实现小农户与现代农业发展有机衔接。以农业生产托管为主的农业专业化社会化服务蓬勃发展，充分证明不改变土地承包关系也能发展适度规模经营，这是对农业经营方式的一大创新。

家家包地、户户务农，是农村基本经营制度的基本实现形式。家庭经营、集体经营、合作经营、企业经营共同发展，是农村基本经营制度新的实现形式。要积极创新农业经营方式，提高农业生产经营集约化、规模化、组织化、社会化、产业化水平，加快构建以农户家庭经营为基础、合作与联合为纽带、社会化服务为支撑的立体式复合型现代农业经营体系。

(二) 要落实农村土地"三权"分置

"三权"分置是继农村土地两权分离后，我国农村改革又一次重大制度创新。习近平总书记指出，"完善农村基本经营制度，要顺应农民保留土地承包权、流转土地经营权的意愿，把农民土地承包经营权分为承包权和经营权，实现承包权和经营权分置并行。"落实农村土地所有权，稳定农户承包权，放活土地经营权，是一项政策性很强的工作。要在依法保护集体土地所有权和农户承包权前提下，平等保护土地经营权，理顺"三权"关系。放活土地经营权，要把握好土地经营权流转、集中、规模经营的度，要与城镇化进程和农村劳动力转移规模相适应，与农业科技进步和生产手段改进程度相适应，与农业社会化服务水平相适应。要根据各地实际，根据不同农产品生产特点，让农民自主选择他们满意的经营形式。严禁强迫农户流转承包地，严禁借土地流转或者生产托管之名与民争利。

（三）要抓好重点领域和关键环节改革

党的十八大以来特别是党的十八届三中全会以来，习近平总书记亲自部署推动了一系列全面深化农村改革任务。习近平总书记指出，"继续推进改革，要把更多精力聚焦到重点难点问题上来，集中力量打攻坚战""要对标到 2020 年在重要领域和关键环节改革上取得决定性成果，继续打硬仗，啃硬骨头"。按照中央的部署，我国先后推动了农村土地制度改革、农业经营制度改革、农村集体产权制度改革、农业保护支持制度改革、城乡融合发展体制机制改革和相关重点领域的改革，全面推进乡村振兴的"四梁八柱"制度框架体系基本建立起来。深入推进农村改革，要把保障粮食安全放在突出位置，健全粮食安全制度体系和"长牙齿"的耕地保护制度体系，加快转变农业发展方式，在探索中国特色农业现代化发展道路上创造更多经验。要完善农村产权制度和要素市场化配置，提高农村土地、资金、人才、技术等各类要素的配置效率，激发农村内在活力。要突出抓好家庭农场和农民合作社，加快构建现代农业经营体系。要健全农业支持保护制度，提高政策的精准性、指向性和实效性。要进一步健全城乡融合发展体制机制和政策体系，全面推进乡村振兴，加快农业农村现代化。

当前，要着重做好落实农村土地承包期再延长三十年试点，保持土地承包关系稳定并长久不变；稳慎推进农村宅基地制度改革试点，加快建立依法取得、节约利用、权属清晰、权能完整、流转有序、管理规范的农村宅基地制度；稳妥有序推进农村集体经营性建设用地入市，严格管控集体经营性建设用地入市用途；深化农村集体产权制度改革，探索新型农村集体经济发展路径；协同推进其他领域改革。

（四）要坚守农村改革的底线要求

习近平总书记多次强调，农村改革"不管怎么改，都不能把农村土地集体所有制改垮了，不能把耕地改少了，不能把粮食生产能力改弱了，不能把农民利益损害了""要坚决守住土地公有制性质不改变、耕地红线不突破、农民利益不受损这三条底线"。农村改革涉及广大农民切身利益，复杂敏感，改对了能有效保护农民利益，改错了会损害他们利益，甚至可能引发社会问题，有些还很难再改回来。尤其是农村土地和农民进城等涉及农民基本权益、涉及全局的重大改革事项，更要持审慎态度，必须看准了再改，保持历史耐心。改变分散的、粗放的农业经营方式是一个较长的历史过程，需要时间和条件，不可操之过急。很多问题要放在历史大进程中去审视，一时想不通、看不清、看不准的，不要急着去动。允许农民群众看一看、等一等。要坚持先立后破，条件成熟的先试点推进。

十一、深入学习掌握把巩固拓展脱贫攻坚成果防止规模性返贫作为全面推进乡村振兴的底线任务

经过几十年特别是党的十八大以来的艰苦努力，我国完成了消除绝对贫困的艰巨任务。习近平总书记对脱贫工作倾注精力最多，创造性地提出了精准扶贫脱贫方略，形成了具有中国特色的反贫困理论，指导脱贫攻坚取得了举世瞩目的成就，创造了人间奇迹。习近平总书记强调，"脱贫地区防止返贫的任务还很重，要做好巩固拓展脱贫攻坚成果同乡村振兴有效衔接，工作不留空档，政策不留空白，绝不能出现这边宣布全面脱贫，那边又出现规模性返贫"，深刻指出了巩固脱贫攻坚成果、防止出现规模性返贫的政治敏感性和极端重要性。我们要切实做到守底线、促发展、强帮扶，实现与乡村振兴有效衔接。

（一）要牢牢守住不发生规模性返贫的底线

要压紧压实各级党委和政府巩固脱贫攻坚成果责任，坚决守住不发生规模性返贫的底线。过渡期内要保持主要帮扶政策总体稳定，严格落实"摘帽不摘责任、不摘政策、不摘帮扶、不摘监管"要求，并逐项分类优化调整，合理把握节奏、力度和时限，逐步实现由集中资源支持脱贫攻坚向全面推进乡村振兴平稳过渡。要健全防止返贫动态监测和精准帮扶机制，对脱贫不稳定户、边缘易致贫户以及因病因灾因意外事故等导致基本生活出现严重困难户，开展常态化监测预警，建立健全快速发现和响应机制，切实做到及时发现、及时帮扶。巩固"两不愁三保障"成果，突出强化易地扶贫搬迁后续扶持力度，持续加大就业和产业扶持，继续完善安置区配套基础设施、产业园区配套设施、公共服

务设施，提升安置社区治理水平。

（二）要切实将工作重心放在促进脱贫地区产业发展上

发展是解决一切问题的总钥匙，脱贫地区只有真正发展起来，才能从根本上巩固拓展好脱贫攻坚成果。要全面实施脱贫地区特色种养业提升行动，推动脱贫地区特色产业可持续发展。持续做好有组织劳务输出工作，统筹用好乡村公益岗位，扩大以工代赈实施范围和建设领域，促进脱贫人口稳定就业。在脱贫地区重点建设一批区域性和跨区域重大基础设施工程，支持脱贫地区人居环境整治提升和中小型基础设施建设，促进县域内整体提升，改善脱贫地区发展条件。

（三）要健全农村低收入人口和欠发达地区帮扶机制

让低收入人口和欠发达地区共享发展成果，是全面建设社会主义现代化国家、促进全体人民共同富裕的必然要求。加强对农村低收入人口的动态监测，探索与防止返贫动态监测信息共享的有效途径和办法，系统掌握农村低收入群体状况。进一步完善低保和社保兜底保障制度，用好脱贫攻坚形成的定点帮扶、对口帮扶、东西协作、组团援助和包村包组包户等有效办法。以充分就业和稳定增收为导向，大力发展乡村产业，强化转移就业技能培训，完善利益联结机制，促进产业就业双带动，实现农民持续增收。巩固农村集体产权制度改革成果，深入推进农村集体资源变资产、资金变股金、农民变股民的"三变"改革，提高低收入农民财产性收入。在稳住财政性各项涉农补贴规模的基础上，进一步改革和完善农业补贴制度，有条件的地方要加大补贴力度，增加农民转移性收入。针对粮食主产区、老少边和脱贫地区等农村低收入群体集中的地方，研究出台专项政策，支持其尽快增加收入，在迈向共同富裕的进程中始终不掉队、尽快赶上来。

十二、深入学习领会加强党对"三农"工作的全面领导

党管农村工作是我们的传统，也是政治优势。习近平总书记强调，"办好农村的事情，实现乡村振兴，关键在党。"全面推进乡村振兴，必须健全党领

导农村工作的组织体系、制度体系、工作机制。

（一）要加强党对"三农"工作的全面领导

习近平总书记强调，"必须提高党把方向、谋大局、定政策、促改革的能力和定力，确保党始终总揽全局、协调各方，提高新时代党全面领导农村工作能力和水平。"要把好乡村振兴的政治方向，坚持农村土地集体所有制性质，发展新型集体经济，走共同富裕道路。全面落实《中国共产党农村工作条例》和《中华人民共和国乡村振兴促进法》，强化五级书记抓乡村振兴责任，县委书记作为乡村振兴"一线总指挥"，要把主要精力放在"三农"工作上。完善党领导"三农"工作体制机制，健全党委全面统一领导、政府负责、党委农村工作部门统筹协调的农村工作领导体制。各级党委农村工作领导小组要发挥好牵头抓总、统筹协调等作用，各成员单位要加强对本单位本系统农村工作的领导，建立健全巩固拓展脱贫攻坚成果、全面推进乡村振兴重点任务分工落实机制，落实职责任务，加强部门协同，形成全面推进乡村振兴工作合力。

（二）要把农业农村优先发展作为一项重大原则

把农业农村优先发展的要求落到实处，是党中央把解决好"三农"问题作为全党工作重中之重的具体体现，就是要在干部配备上优先考虑，在要素配置上优先满足，在资金投入上优先保障，在公共服务上优先安排。"四个优先"是对"多予、少取、放活"的进一步发展和完善。要健全农业农村投入保障制度，创新投融资机制，拓宽资金筹集渠道，加快形成财政优先保障、金融重点倾斜、社会积极参与的多元投入格局。要切实强化财政投入，真金白银地加大投入，逐步解决"三农"特别是乡村发展历史欠账较多的问题。要下决心解决支农项目支离破碎问题，加快建立涉农资金统筹整合长效机制。要解决土地增值收益长期"取之于农、用之于城"的问题，破解"农村的地自己用不上、用不好"的困局。财政资金要发挥"四两拨千斤"作用，更多撬动社会资金投入乡村振兴。要坚持农村金融改革发展的正确方向，健全适合农业农村特点的农村金融体系，推动农村金融机构回归本源，把更多金融资源配置到农村经济社会发展的重点领域和薄弱环节，更好满足乡村振兴多样金融需求。完善乡村振兴金融服务统计制度，建立金融机构服务乡村振兴考核评估制度。要创新人才工作体制机制，充分激发乡村现有人才活力，把更多城市人才引向乡村创新创业，打造一支强大的乡村振兴人才队伍。

（三）要切实加强农村基层党组织建设

农村工作千头万绪，抓好农村基层组织建设是关键。习近平总书记指出，"农村基层党组织是党在农村全部工作和战斗力的基础，要把农村基层党组织建设成为推动科学发展、带领农民致富、密切联系群众、维护农村稳定的坚强战斗堡垒。"完善农村基层干部选拔任用制度，打造一支高素质农村基层党组织带头人队伍。要有序做好乡镇、村集中换届，选优配强乡镇领导班子、村"两委"成员特别是党组织书记。坚持选派第一书记制度。

（四）要不断提高"三农"工作队伍本领

习近平总书记指出，乡村振兴关键在人、关键在干。面对新时代新任务和要求，"三农"工作的干部队伍还不能很好地适应，面临着能力不足、本领恐慌。实施乡村振兴战略，需要造就一支懂农业、爱农村、爱农民的农村工作队伍；全面推进乡村振兴，迫切需要建立一支政治过硬、本领过硬、作风过硬的乡村振兴干部队伍。要加强"三农"工作干部特别是基层干部的教育培训和监督管理，改进工作作风，强化廉洁履职意识，提高为民服务的本领，为乡村振兴事业贡献智慧和力量。

习近平总书记关于"三农"工作的重要论述全面系统、博大精深，既有世界观、也有方法论，既有基本原理、也有工作指导，既有总体部署、也有具体要求。包括农业青年科技人才在内的广大"三农"工作者，要努力学深悟透做实习近平总书记关于"三农"工作重要论述，不断厚植"三农"情怀，提升理论水平，增强服务本领，把论文写在大地上，谱写新时代新征程"三农"奋斗者之歌！

现代农业科技发展趋势

主讲人：周云龙

现任农业农村部科技教育司司长。曾任原农业部市场与经济信息司处长，农业农村部科技发展中心副主任、研究员，农业农村部种业管理司副司长、一级巡视员，国家农产品质量安全风险评估专家委员会、农业农村部农产品质量安全专家组成员。主要从事农业科技、农业生态环境保护等方面的管理和政策研究工作。

新中国成立以来，在党中央、国务院坚强领导下，我国农业科技面貌发生了翻天覆地的变化。目前，我国农业科技整体水平已经迈入世界第一方阵，在种业自主创新、耕地资源保护、农业绿色发展、农机提档升级等方面都取得了一大批有代表性、突破性的重大成果。2021 年，全国农业科技进步贡献率超过 61%，全国农作物耕种收机械化率超过 72%，粮食产量连续七年保持在1.3 万亿斤①以上。科技已成为我国农业农村经济增长最重要的驱动力，为保障国家粮食安全和重要农产品有效供给、引领产业发展、促进农民增收、保护生态环境作出了重要贡献。

一、基础：我国农业科技历史性变化和重要贡献

（一）育种领域经历了矮化育种、杂交育种和生物育种三次技术革命，实现品种多次更新换代

矮化是作物育种方面最有价值的性状之一，它能使作物具有较强的抗倒伏能力和较高的光能利用率；矮秆品种可通过塑造理想株型和合理密植，从而实现单产的突破。20 世纪 50 年代，我国育成"矮脚南特"水稻，开创了世界水稻矮化育种的先河；70 年代，育成"矮丰 3 号"小麦，开创了我国小麦矮化育种的先例。截至 2019 年 6 月，全国累计推广矮秆籼稻良种 175 亿亩以上，稻谷累计增产超过 1.75 万亿千克。

杂交育种方面，1973 年我国在世界上首次成功实现杂交水稻"三系"配套，代表品种"汕优 63"连续 16 年全国种植面积最大。2000 年以来，先后育成了一批超级杂交稻，百亩方亩产先后突破 800 千克、900 千克、1 000 千克，育种水平保持世界领先。70 年代，玉米育种进入以单交种为主的阶段，代表品种"中单 2 号"截至 2020 年 10 月累计种植 4.89 亿亩，是我国种植面积最大、经济寿命最长的玉米杂交种；90 年代育成的"郑单 958"，截至 2020 年

---

① 斤为中国非法定计量单位，1 斤＝0.5 千克。下同。——编者注

10 月累计种植 8.68 亿亩。随着杂种优势在水稻、玉米上的应用，棉花、油菜、蔬菜等作物利用杂种优势育种也迅速发展起来。

生物育种方面，20 世纪 90 年代，我国成功创制"中棉所 29"等转基因抗虫棉品种，抗虫棉推广后，全国再没有大面积爆发棉铃虫危害。截至 2021 年底，已育成转基因抗虫棉新品种 207 个，累计推广 5.3 亿亩，转基因抗虫棉自主品种国内市场占有率达 99%。2013 年以来，我国先后完成了水稻、小麦、棉花、油菜、黄瓜等重要农作物全基因组序列框架图，绘制了世界上第一张大豆图形结构泛基因组、杂合二倍体马铃薯基因组图谱，发现并克隆了具有重要育种价值的自主产权新基因 396 个，转基因专利授权总数居世界第二。以基因编辑、全基因组选择、转基因技术为代表的现代生物技术育种体系不断发展，生物育种研发实现了局部创新向"自主基因、自主技术、自主品种"的整体跨越。

通过三次育种技术革命，促成了我国 5～6 次作物品种更新换代，推动品种向高产、高抗、优质化发展，粮食单产从新中国成立初期 69 千克/亩增加到目前 387 千克/亩，品种对单产的贡献率达 45% 以上，作物良种覆盖率达 96% 以上。此外，我国生猪、奶牛、家禽、羊等商业化动物育种也逐步开展，累计培育了 173 个优良新品种（配套系），畜禽水产品种良种化、国产化比重逐年提升，奶牛良种覆盖率达 60%，蛋鸡良种国产比例已经超过 50%。

（二）土壤改良领域聚焦黄淮海、黄土高原、南方红黄壤三大区域改造，实现农田拓展和地力提升

1957 年起，国家实施黄淮海平原盐碱地改良联合攻关，通过水利工程与农业生物措施相结合、排盐与培肥相结合、利用与改良相结合等综合治理技术措施，历经 20 余年使盐碱地面积由原来的 70% 下降到 5% 左右，实现黄淮海平原由盐碱地到国家战略粮仓的巨大转变。70 年代末以来，实施了南方红黄壤丘陵区综合治理，创新突破了土壤退化机理与恢复重建、红壤酸化防治、林果牧高效集约生态治理等一系列关键技术，构建了一系列治理模式与配套技术体系，推动解决中低产田土壤贫瘠、多水渍潜、土壤质量退化及酸化等问题，促进粮食增产 100 千克/亩以上。80 年代初，实施了黄土高原水土保持联合攻关，揭示了黄土高原土壤侵蚀规律，实施退耕还林还草、土壤水库、以肥调水、三库联防等综合配套技术措施，大大推动了干旱半干旱地区农业发展和水

资源高效利用，实现了黄土高原由"黄"到"绿"的巨大转变。

2013 年以来，围绕东北黑土地保护、南方稻区重金属污染综合防控、华北地下水超采"漏斗区"治理等重大区域性农业发展问题，开展关键技术协同攻关，构建了黑土地有机质恢复与地力提升、重金属生物消解、旱区雨水集蓄利用与节水灌溉、农田酸化防治与精准降酸等技术体系，各项技术在全国加快推广应用。截至 2022 年 6 月，全国累计建成高标准农田 9 亿亩，东北黑土地保护性耕作面积超过 7 000 万亩，全国耕地平均质量等级达到 4.76 等，增强了粮食安全保障能力。

（三）农机装备领域经历了从小到大、从单一到多样的重大变化，实现了从人畜力为主向机械作业为主的提档升级

20 世纪 70 年代以前，主要推广应用半机械化农具和小型动力机械，重视手扶拖拉机、小功率排灌机械和农副产品加工机械的研制推广。80—90 年代，中小马力拖拉机、自走式联合收割机、粮食加工设备等逐渐发展成熟。90 年代以来，大田深松机、谷物精量播种机、育秧播种设备、水稻高速插秧机、蔬菜移栽机、高效地面植保机具、粮食烘干装备等自主研发的农机装备广泛应用。2000 年以来，农机、农艺和信息技术深度融合，高效、智能和绿色农业装备加速应用，自动驾驶、农业机器人和无人农场异军突起。

2013 年以来，农业机械化总体向"全程、全面、高质、高效"发展，基本建立起农机农艺融合技术体系，主要农作物耕种收综合机械化率超过 72%，水稻、小麦、玉米耕种收综合机械化率超过 80%。我国可自主研制 4 000 多种农业机械装备，200 马力①以上动力换挡重型拖拉机和喂入量 10～12 千克/秒谷物联合收割机成功上市，北斗卫星导航定位自动驾驶加快应用，农业生产部分领域和环节实现了"机器换人"。

（四）植保与疫病防控领域经历了从低效到高效、从束手无策到可防可控的技术变迁，实现了农业减灾降损

农药发展经历了 60—70 年代的高效高毒（有机氯、有机磷等）、80 年代

---

① 马力为中国非法定计量单位，1 马力 = 735.498 75 瓦。下同。——编者注

的高效低毒（拟除虫菊酯类农药等）、90年代的高效低毒低残留（吡虫啉、磺酰脲类除草剂等）、2000年以后的高效、低毒、高选择性（氯虫苯甲酰胺、双环磺草酮等）等不同阶段，逐步由高毒高风险向高效低风险转变。水稻抗稻瘟病机制、小麦赤霉病成灾机理、黏虫远距离迁飞规律等一批基础研究创新突破，区域病虫害治理和生防产品研发整体处于国际领先水平，有效防控了蝗虫、小麦条锈病、稻飞虱等农作物重大病虫害，平均每年挽回约1亿吨粮食损失。2013年以来，我国植保方式从以化学防治为主向以生物防治、理化诱控、生态调控为主转变，开发了赤眼蜂、捕食螨等系列天敌昆虫产品，研发了Bt农药、白僵菌等高效低风险农药，引领实现化学农药使用量零增长。

动物疫病防控方面，1956年至今，我国先后研制出牛瘟弱毒疫苗、口蹄疫灭活疫苗、马传染性贫血弱毒疫苗、禽流感疫苗、禽流感—新城疫二联疫苗、猪圆环病毒病疫苗、猪伪狂犬病疫苗等一大批动物用疫苗，并完成了人感染H7N9禽流感病毒疫情相关流行病学、病原学研究和疫苗研制，以重大动物疫病防控为代表的相关疫病基础理论、防控技术和防控方案已处于世界领先水平，为畜禽水产健康养殖和公共卫生安全提供了强有力的支撑保障。

（五）设施农业领域经历了从原始简易到装备精良、从粗放管理到标准规范、从人工操作到智能控制的重大转变，实现了错季生产和周年供应

设施农业是现代农业先进生产方式的典型标志。20世纪60年代，我国设施园艺主要以阳畦和中小型塑料拱棚模式为主，并诞生了第一代塑料大棚；70—80年代开始出现钢结构连栋玻璃温室；80年代后期日光温室迅速发展；90年代大力发展设施无土栽培、温室节能工程；进入21世纪，温室模型优化等一系列重大技术取得突破，推动设施园艺实现向工厂化生产的跨越式发展。在设施养殖方面，90年代初突破了纵向通风理论，2000年后工厂化循环水养殖、环境监控、规模养殖装备创新研制，2010年以后研发了养殖废弃物资源化高效利用技术，加快了畜禽水产养殖从工厂化到工业化的发展进程。

2013年以来，我国农业设施向规模化、标准化、智能化加快发展。中国特色的高效节能型日光温室在北方地区得到广泛应用，高光效低能耗LED智

能植物工厂逐渐在北京、广东、山东等地推开，立体高效密闭式畜禽养殖环境控制技术与装备自主研发进展加快，池塘养殖环境的调控技术不断系统化，集装箱生态养鱼、循环水工厂化水产养殖等广泛推广应用。截至 2021 年底，我国已经成为世界设施农业第一大国，据估算，设施农业产值占农林牧渔业总产值比例达 44%，有效保障了城乡广大人民菜篮子的全年供应，成为各地农村脱贫致富和产业精准扶贫的重要抓手。

（六）产后加工领域经历了从初加工到精深加工、从单一用途到多种功能、从小作坊到工业化的转型升级，实现了产业链延伸和价值链拓展

20 世纪 80 年代以来，以稻谷、小麦为代表的大宗粮食加工业开始发展，米面加工精度增加、花样品种增多，方便面产业迅猛发展。70—80 年代，果蔬加工技术快速发展，研发了果蔬热风干燥等实用技术，筛选了桃、杏等制罐专用品种。90 年代，果蔬汁加工过程中的褐变、混浊、沉淀、香气逸散、营养物质损失等技术难题不断破解，开发了复合果蔬汁加工技术并实现了工业化生产。2000 年以后，建立了梯次加工、循环利用的农产品绿色加工技术体系，开发了 4 大类、22 个中类、57 个小类共计数万种食品，规模以上加工企业基本实现了机械化、自动化、智能化生产。

2013 年以来，农产品加工向多元化、高值化、方便化、功能化等方向发展。全程冷链、精深加工、营养健康、智能装备等快速发展，并不断融合大数据、云计算、区块链、新工艺新材料等高新技术，催生了新型功能性食品等一批新产业新业态，推动我国农产品加工业实现质量提升、创新驱动、集群发展，成为支撑国民经济发展的战略性支柱产业之一。2021 年，全国规模以上农产品加工企业超 8.1 万家，加工转化率提升到 70.6%，辐射带动 1 亿多小农户增收。

（七）农业科技创新条件由依靠"一把尺子一杆秤"发展到设施完备、装备精良的平台体系，实现了创新条件和能力的历史性跃升

新中国成立以来，我国农业科技条件平台建设从点到面、从小范围到大规模，农业科研基础条件不断改善，支撑农业科技创新不断跃上新台阶，与发达国家的差距大大缩小。我国于 80 年代开始实施国家重点实验室建设计划，

90 年代启动建设了农业农村部重点实验室。截至 2022 年 7 月，正在建设运行的农业领域国家重点实验室 47 个，农业农村部学科群重点实验室体系涵盖了 34 个学科群、44 个综合性重点实验室、352 个专业性重点实验室、73 个企业重点实验室。在重大基础平台设施方面，我国建设了农作物基因资源与基因改良国家重大科学工程、国家农业生物安全科学中心、中国西南野生生物种质资源库、模式动物表型与遗传研究等 4 个国家重大科技基础设施，建设国家动物疫病防控高级别生物安全实验室（P4 实验室），使我国成为全球少数几个实现可开展所有已知病原研究全覆盖的国家。

工程技术中心是开展共性关键技术、工程化技术研究、示范、转化的重大平台。20 世纪 90 年代至今，我国共布局建设了 191 个国家工程研究中心，其中农业领域 24 个；启动建设了 346 个国家工程技术研究中心，其中农业领域 84 个。1998 年，国家建设了首批玉米、小麦、大豆、棉花、水稻等 8 个农作物改良中心，目前共建成 36 个农作物改良中心（育种中心）、121 个分中心。

科技观测台站是农业基础性长期性科技工作的有机组成部分，也是国家科技基础条件平台建设和科技创新体系的重要内容。20 世纪 90 年代以来，科技部开展了国家野外科学观测研究站试点，2005 年农业部在全国开展了农业野外科学观测试验站评估命名工作。截至目前，农业领域已建成国家野外观测研究站 20 个，国家农业科学观测实验站 148 个，国家农作物种质资源库（圃）43 个，国家农业科学数据中心 11 个，夯实了农业科学技术研究基础。

（八）农业科技创新体系由几个农业试验场逐步发展到涵盖科研、推广、教育培训等领域规模宏大、架构完整、学科齐全的格局，科技创新力量取得历史性变化

多年来，历经一系列农业科技体制改革与探索，我国农业科技创新体系逐步由小到大、由弱到强。新中国成立后，在淮安、保定、济南、北京、辽宁等几个农业试验场的基础上，依托逐渐回迁的农业院校、科研机构，我国迅速建立了中央、省、地三级农业科研机构系统，为支撑农业科技事业持续快速发展发挥了重要作用。特别是改革开放以来，农业科技创新的政策环境、制度环境和投入支持环境得到了较大幅度的改善。截至 2020 年底，全国地市级以上农

业科研机构的数量有 974 个，从事科技活动人员 7.23 万人，具有中高级职称的 4.97 万人，形成了一支稳定的国家农业科研力量。

我国农业技术推广体系先后经历了从无到有的艰难创建期、根据生产和市场需要的发展壮大期、接线补网的深入推进期、新时代多元主体并存的融合发展期。1951 年，国家首先在东北、华北地区试办农业技术推广站，50 年代末初步形成了以技术推广、植物保护和良种繁育为主要功能的中央、省、县、乡四级农业技术推广体系。1979 年开始，中央和地方各级财政加大支持，建立和完善县级农业技术推广中心近 2 000 个。21 世纪以来，逐步建立了以国家农技推广机构为主导，农业科研院校、社会化服务组织等广泛参与的"一主多元"农业技术推广体系。截至 2021 年底，全国共有农技推广机构 5.66 万个，编制内人员 48.98 万人，其中 75% 以上者有专业技术职称，为农业农村持续稳定发展作出了重大贡献。

我国农民教育培训体系先后经历了农民业余学校、识字运动委员会、干部学校、"五七大学"、各级农业广播电视学校和"一主多元"的新型职业农民教育培训体系等发展阶段。50 年代，农业部、农垦部率先在北京建立干部学校，之后大部分省份也先后建立起干部学校，为培养农村干部作出了积极贡献。60 年代，各地采取"半农半读"等培训方式，注重人才培养与农业生产相结合，为中国特色农民教育培训进行了有益探索实践。80 年代初，我国逐步建立了以农广校、成人文化技术学校等机构为骨干的农民教育培训体系。近年，加快构建了以农业广播电视学校为基础依托的"一主多元"新型职业农民教育培训体系，在提高农民科学生产、文明生活和创新经营等方面起到了积极的促进作用。截至 2021 年底，全国共有省级农广校 34 所，地级农广校 264 所，县级农广校 1 753 所，高素质农民队伍超过 800 万人。

二、使命：当前我国农业科技面临的新形势新任务

习近平总书记强调，"科学技术从来没有像今天这样深刻影响着国家前途命运，从来没有像今天这样深刻影响着人民生活福祉。"我国经济社会发展比过去任何时候都更加需要科学技术解决方案，更加需要增强创新这个第一动力。党的十九届五中全会提出，坚持创新在我国现代建设全局中的核心地位，

把科技自立自强作为国家发展的战略支撑。置身百年未有之大变局，农业农村比以往任何时候都需要更加重视和依靠科技进步，走内涵式发展道路，全面提高农业综合生产能力。

（一）粮食生产稳面积保供给，迫切需要依靠农业科技提产能、挖潜力

确保粮食安全和重要农副产品有效供给，是实现乡村全面振兴、加快农业农村现代化的物质基础，是构建双循环新发展格局的战略保障，也是农业科技创新的首要任务。自 2015 年起，我国粮食产量已连续七年稳定在 1.3 万亿斤以上，2021 年达到 13 657 亿斤，但是粮食生产和消费依然处于"紧平衡"的状态。与国际先进水平相比，我国的大豆、玉米单产水平不到发达国家的60%，生猪、奶牛生产性能也仅为发达国家的 80% 左右。第三次全国国土调查显示，2009—2019 年，耕地面积减少了 1.13 亿亩，依靠增加面积提高粮食生产潜力十分有限。面对资源约束日益加紧、国际竞争日益激烈的大趋势，要把中国人的饭碗牢牢端在自己的手中，必须要在增产上作文章，向科技要单产、要效益，深入实施"藏粮于地、藏粮于技"战略，抓住种子耕地"两个要害"，补齐农机装备短板，强化优良品种培育、土壤地力提升、重大病虫害防控、智能农机等关键技术装备研发，全面提高土地产出率、劳动生产率和资源利用率。

（二）产业发展稳基础增效益，迫切需要依靠农业科技补短板、强弱项

乡村振兴，产业兴旺是重点。构建现代农业产业体系、生产体系、经营体系，实现农村一二三产业深度融合发展，有利于推动农业从增产导向更多转向提质导向，增强我国农业创新力和竞争力，为建设现代化经济体系奠定坚实基础。当前，我国农业生产成本仍处于高位，种养业结构布局有待进一步优化，农产品供应满足消费者多样化、优质化、个性化需求有待进一步增强，农业产业核心竞争力还有待进一步提高。立足新起点，接续推进乡村振兴和农业农村现代化，需要更加聚焦优质高效、节本增效、农产品多功能开发等，把振兴县域经济、村镇特色产业作为主战场，围绕产业链部署创新链，在关键核心技术上率先突破，解决一批农业农村产业发展最紧急最紧迫的难题，依靠科技优化产品结构、产业结构和区域结构，打造一批新产业新业态新模式，全产业链提

升农业质量效益和竞争力。

（三）乡村建设稳步伐提质量，迫切需要依靠农业科技促转型、增绿色

绿水青山就是金山银山。农业绿色发展、高质量发展是全面推进乡村振兴的必然要求，是推动经济体系优化升级的内在逻辑，也是农业科技创新的重点方向。近年，农村人居环境整治提升行动、农业绿色发展五大行动、农业农村污染治理攻坚战、长江黄河流域农业面源污染综合治理等加快实施，农业高质量发展和农业生态环境高水平保护协同推进，农业绿色低碳转型升级取得积极进展成效，但是仍然面临着一些亟待解决的现实问题，如部分农产品种植和加工技术相对落后，一些地区农业面源污染、耕地重金属污染较重，外来生物入侵加剧，农业农村减排固碳关键技术缺乏等。完整、准确、全面贯彻新发展理念，需要更加聚焦绿色低碳、生态安全、环境保护等要求，强化农业农村绿色科技供给，加快实现投入品减量化、生产清洁化、废弃物资源化、产业模式生态化，推动形成绿色生产生活方式，全面提升农业农村可持续发展能力。

（四）农民增收稳势头强后劲，迫切需要依靠农业科技调结构、拓途径

乡村振兴的出发点和落脚点，是推动农民实现共同富裕。提高农民收入水平，归根结底要依靠科技推动产业创新、拓展产业领域、增加就业业态，多渠道促进农民增收致富。当前，农业一二三产业融合不够紧密，农业多种功能、乡村多元价值拓展不够充足，区域特色优势产业发展不够聚焦，农民科学素质和创新创业能力不够强健，迫切需要通过科技加快促进产业融合，发展壮大基于地方优势和资源禀赋的特色产业，推进品种培优、品质提升、品牌打造和标准化生产，延长产业链、增加附加值，为农民就地就近就业和富裕富足提供更多机会和途径。

三、展望：我国农业科技的发展趋势

习近平总书记指出，农业现代化，关键是农业科技现代化。处于世界新一轮科技革命和产业变革同我国转变发展方式的历史性交汇期，我国农业科技的发展必须坚持面向世界科技前沿、面向经济主战场、面向国家重大需求、面向

人民生命健康，按照"保供固安全、振兴畅循环"的工作定位，把高水平农业科技自立自强作为战略基点，把科技体制机制改革创新作为根本动力，加强基础研究和应用基础研究，打好关键核心技术攻坚战，加速科技成果向现实生产力转化，为全面推进乡村振兴、加快农业农村现代化提供强有力的科技支撑。

（一）优化农业科技发展布局

一是加强基础和应用基础研究。在激烈的国际竞争面前，把原始创新能力提升摆在更加突出的位置，努力实现农业科技更多"从 0 到 1"的突破，走适合我国国情的创新路子。理论规律方面，探明农业生物种质资源多样性和定向进化规律，农业生物高产优质、绿色高效等复杂性状形成规律，农业重大病虫害发生规律和发生趋势。机理机制方面，开展生物和非生物胁迫、农业微生物组学、智慧农业基础研究，揭示农业生物响应胁迫信号和适应多元环境的调控机制，生物固氮与植物互利共生、养分高效利用等互作机理，土壤—作物—环境—机器系统互作机制。方法工具方面，研发新型基因编辑工具，构建高效细胞工厂和人工合成生物体系，建立适合不同动植物物种的全基因组选择平台，突破生物大数据挖掘和分析的核心算法。

二是加强前沿与交叉融合技术研究。瞄准世界科技前沿，聚焦对农业发展有带动作用、能较快转化为现实生产力的关键领域，强化科技攻关布局，抢占制高点，打造新优势。农业大数据技术方面，开发海量数据的建模和分析工具，推进动植物数字化模拟与过程建模分析、数据智能分析和知识模型设计研究，构建适用于农业领域的非结构化数据库系统、农业数据仓库、农业知识计算引擎、农业可视交互服务引擎等核心技术。智慧农业技术方面，加快互联网＋、物联网＋、大数据、人工智能、区块链等与农业结合技术研发应用，加强动植物生命信息感知与调控、高时空遥感测报与传感智能控制、农业生态环境智能监测、智能育种、农业专用机器人等技术创新。未来食品制造方面，推进细胞培养肉、合成蛋奶油、功能重组蛋白等营养型食品的培养和制造技术创新，推进农产品资源梯次高值利用、食品新资源挖掘、功能性食品创制等。

三是加强农业科技基础性长期性工作。对农业生产要素及其动态变化进行科学观察、观测和分析，阐明内在联系及其发展规律，是推动农业科技发展的必要基础。围绕农作物、畜禽、水产、农业微生物等种质资源收集、保存、评价、共享等，建设基础资源收集保存库和农业种质资源大数据平台，提升种质资源保存总量和质量。围绕农业生产水、土、气、物候、投入品、生物灾害等数据信息动态监测等，建设一批农业科学观测实验站和野外科学观测研究站，推进农业大数据中心和分中心建设，加快构建农业大数据系统，深度挖掘要素间关联关系，夯实农业产业科技创新基础。

（二）重塑新时代中国特色的农业科技创新体系

一是打造国家农业战略科技力量。世界科技强国竞争，比拼的是国家战略科技力量。发挥国家实验室战略支撑、前瞻引领、原始驱动、源头供给的作用，把解决面向未来的农业"卡脖子"技术问题作为重点，开展"从 0 到 1"的突破性研究。布局建设好农业领域国家重点实验室、农业农村部重点实验室等农业基础研究和应用基础研究平台，针对农业科技发展前沿开展创新性研究。发挥国家农业科研机构"领头羊"的作用，围绕国家战略需求开展科技攻关，解决我国农业农村发展中基础性、方向性、全局性、关键性的重大科技难题。发挥涉农高水平研究型大学在基础研究深厚、学科交叉融合、人才资源集中方面的优势，强化同保障粮食安全、全面推进乡村振兴等国家重大战略目标、战略任务的有效衔接，推动基础研究和重大科技创新突破。发挥涉农科技领军企业在市场需求、集成创新、组织平台方面的优势，开展产业共性关键技术研发、科技成果转化及产业化，构建创新链—产业链—价值链高度融合的长效机制。

二是强化企业创新主体地位。遴选壮大一批创新能力强、带动能力强、竞争能力强的涉农科技领军企业，推动按照优势互补、资源共享、风险共担、互利共赢的原则组建创新联合体，牵头承担国家重大科技项目，发挥企业出题者作用，加快构建以企业为核心、产学研紧密结合的协同创新格局。建立高校科研院所培养企业科技人才激励机制，健全有利于科技人才向企业流动的政策环境，支持科研人员到企业兼职、挂职，引导科研人员"到企业""为企业"开展科技攻关和指导服务。推动建立健全财税支持企业开展农业科技创新的长效机制，鼓励和引导企业加大自有资金投资研发力度。完善金融支持农业企业科技创新体系，加强企业知识产权保护，鼓励企业利用知识产权进行质押融资，强化企业农业科技创新的风险防控能力，激发企业创新创造活力。

三是探索区域科技力量一体化建设。针对当前农业科研体系资源分散、低水平重复、同质化发展等严重问题，按照定位清晰、功能完善、分工协作、运行顺畅的原则，加快明确中央、地方各级农业科研机构核心职责使命。中央级农业科研机构侧重于前瞻性、基础性、探索性研究，重点解决全国性重大农业科技问题；省级农业科研机构承担应用性、集成型、示范类创新任务，重点解决区域农业生产技术问题；地市级农业科研机构主要承担适合区域产业特色发展的品种筛选、技术熟化、示范推广等。同时，突出区域共性和省（区、市）个性，形成区域科技力量建设"一盘棋"的格局，推动地市级科技力量与省级机构形成创新与应用共同体，探索地市级农业科研机构与推广机构、教育培训机构一体化发展。

（三）推进产学研深度融合

一是开展农业科技现代化先行县共建。以省级农业科研教学单位为技术依托，充分发挥涉农科技型企业和新型经营主体作用，立足地方资源禀赋和比较优势，在全国遴选 72 个县与 62 个对口技术单位共建。聚焦县域主导产业，围绕产业链各环节技术需求，通过共建平台、联合攻关、协同推广和品牌创建等方式，因地制宜共建一批产业科技化、人才专业化、生态绿色化的农业科技现代化先行县，实现成果和服务精准供给，推动县域优势特色产业转型升级和提质增效，探索科技支撑县域乡村振兴的新模式新样板。

二是强化国家农业科技创新联盟建设。围绕农业区域性、行业性和基础性发展需求，聚焦重大产业问题和科技难题，整合全国优势科技资源，建设一批产业特色明显、发展方式绿色、各类要素集聚、机制创新鲜明、示范带动有力的国家农业科技创新联盟。通过搭建分工协作"一盘棋"农业科研工作合力、创建覆盖上中下游的"一条龙"农业科研组织模式、形成多学科集成的"一体化"农业科技综合解决方案，形成创新效率明显提升、产业带动效果显著、区域问题有效解决、协同机制运行高效的农业科技创新与集成应用新格局，打造科企融合的重要平台和载体。

三是推动国家现代农业产业科技创新中心高质量发展。巩固扩大南京、太谷、成都、广州、武汉等国家现代农业产业科技创新中心建设成果，进一步围绕主导产业，强化引进和培育高水平科研团队、高科技企业、高质量基金、高转化性成果，促进关键技术集成、创新要素集聚、关联企业集中、优势产业集群，打造一批"农业硅谷"和区域经济增长极。引导股权期权、兼职兼薪等激励政策在科创中心先行先试，引进和培育一批优质孵化器，推进创新链、产业链、服务链、人才链、价值链齐头并进，打造良好创新创业生态，让农业科技加快赋能农业产业。

（四）深化农业科技体制机制改革

一是创新农业科研组织方式。探索建立符合农业科研规律、体现农业产业发展导向、推动农业科技进步和产业变革的产业科技管理新机制，在农业重大科技项目中分类实施"揭榜挂帅""赛马""择优委托"等新型科研组织模式。探索实施"信用激励"制度，强化科技创新目标和产业发展指标双重考核机制，建立项目成果产出和项目验收的第三方评估和用户评价机制。建立"科研诚信负面清单"，健全农业科研诚信记录档案制度，加强绩效评估结果应用，对评估优秀的承担单位、创新团队等，在平台建设、项目立项、成果培育等方面优先支持，对科研失信单位和团队给予严格惩罚措施。

二是深化农业科研机构改革。创新科技治理机制，探索建立政府引导，科学家、企业家、社会公众多元主体共同参与，社会力量各司其职、密切合作的治理模式。建立健全现代科研院所制度，加快政事分开、管办分离，扩大院所自主权，完善法人治理结构和内部治理体系，推动实施理事会和章程管理，对章程明确赋予科研事业单位管理权限的事务，由单位自主独立决策、科学有效管理。推进农业科研机构绩效评价改革，强化农业科研机构公益性定位与核心使命，突出创新导向、结果导向、实绩导向和产业贡献，分类制定符合农业产业和科技创新规律的评价机制与指标体系，逐步建立以绩效为导向的支持政策。深化农业科技成果产权制度改革，健全以增加知识价值为导向的激励机制，推动各类创新主体制定科技成果转化的专门管理办法，建立赋权清单、赋权原则、分配比例，赋予科研人员成果所有权或长期使用权，激发创新创业活力。

三是营造良好创新生态。遵循产业规律、创新规律和经济规律，充分发挥政府宏观调控功能和市场配置资源决定性作用，构建有利于创新的文化氛围、市场导向和保障机制。建立科技创新要素流动共享机制，畅通人才流动"绿色通道"，突破"单位人"身份壁垒，引导农业科技人员到企业兼职兼薪、领办创办企业等，鼓励涉农科研单位、高校、企业等共享资源、平台、信息等。建立分类评价机制，推动农业科研评价由"唯论文、重奖励"向"崇创新、重贡献"转变，针对科学研究、技术开发、示范推广等不同科技活动类型，构建以技术研发创新度、产业需求关联度、产业发展贡献度为导向的分类评价制度。完善农业知识产权保护机制，打通产权创造、运用、保护、管理、服务全链条，健全知识产权综合管理制度，增强农业知识产权系统保护能力，整体提升农业知识产权质量。同时，大力弘扬新时代科学家精神，健全各类农业科技活动规范，允许试错、宽容失败，鼓励科研人员大胆实践、勇于创新，营造积极探索、潜心研究的良好氛围。

｜第三讲｜
科研道德与科学精神

主讲人：沈彦俊_____

博士，研究员（二级）。现任中国科学院遗传发育所农业资源研究中心副主任、中国科学院农业水资源重点实验室主任、河北栾城农田生态系统国家野外科学观测研究站站长。现主要从事农业水文与水资源研究，在华北平原农业节水和地下水可持续管理、西北干旱区水循环与生态水文方面取得多项重要进展，共发表学术论文200余篇，获中国科学院杰出科技成就奖，河北省自然科学一、二等奖，新疆维吾尔自治区科技进步一等奖等5项。先后入选河北省优秀科技工作者和全国优秀科技工作者，科技部中青年科技创新领军人才，中组部国家"万人计划"领军人才，获河北省政府特殊津贴。

科研是人类对自身及其周围客观世界的认识过程，是对自然界的认识从无到有的创造性工作。科技对于人类社会的发展作出了不可磨灭的贡献。科研道德是科技工作者的职业道德之一，是其从事科研活动的过程中应遵循的基本道德规范。科研诚信无小事，坚守科研道德，弘扬科学精神，是科技工作者永恒的话题。

一、科研道德与科研诚信

科研诚信年年讲，学术不端年年有。学术不端行为的反复出现，使科研诚信管理、科研诚信教育变得尤为重要。国外不同机构对学术不端持有不同观点（表1）。

表1　国外部分代表性组织对于学术不端的观点

国家	机构	依据	内容（主要观点及处理规范）
美国	美国联邦政府	《美国联邦法规》第43篇50条A款	涉及杜撰、篡改、剽窃行为，或者严重背离科学界普遍认同的其他行为
美国	普林斯顿大学	管理规范	强调学生的自律管理理念，将科学精神的教育作为核心；对学术不端行为进行公开的惩处，严格的裁决与申诉程序
美国	美国宾夕法尼亚大学	学术规范	学术道德与学术规范的追求是教育的重要使命、重要原则，学术道德准则是全体学生都必须遵守的道德和诚信标准；发布一系列关于学术道德与规范行为的声明、标准，并列举出学术不端行为种类
德国	马普学会	《关于处理涉嫌学术不端行为的规定》	如果在重大的科研领域内有意或因大意做出了错误的陈述、损害了他人的著作权或者以其他某种方式妨碍他人研究活动，即可认定为学术不端
丹麦	丹麦科学技术与创新部	《研究咨询系统法案》	作为处理学术不端行为的最高法案，内容广泛，规定详细，比如如何对研究人员弄虚作假的申述进行调查，依照何种程序终止涉及欺骗的科研项目

（续）

国家	机构	依据	内容（主要观点及处理规范）
澳大利亚	国家健康与药品研究所和校长委员会	《关于科研行为的联合声明和规范》	学术不端行为是指虚构、伪造、剽窃或其他有关的行为。其共同特点是从根本上偏离了科学界公认的关于科研项目的申请、实施和成果发表的一般准则

中国科学院在 2007 年 2 月 26 日颁布了《中国科学院关于加强科研行为规范建设的意见》，对学术不端行为有六条认定标准：在研究和学术领域内有意做出虚假的陈述；损害他人著作权；采取违反职业道德的手段，利用他人重要的学术假设、认识、学说或者研究计划；研究成果发表或出版中的科学不端行为；故意干扰或妨碍他人的研究活动；在科研活动过程中违背社会道德。中国科学院近年也连续召开科研伦理道德委员会年度会议，通报发现的学术不端案例和处理结果，并提出科研道德警示意见。2009 年 3 月 19 日教育部也颁布了《教育部关于严肃处理高等学校学术不端行为的通知》，对学术不端行为进行界定，包括：抄袭、剽窃、侵吞他人学术成果；篡改他人学术成果；伪造或篡改数据、文献，捏造事实；伪造注释；未参加创作，在他人学术成果上署名；未经他人许可，不当使用他人署名；其他学术不端行为。

（一）常见的学术不端行为

2019 年，国家新闻出版署正式发布实施的《学术出版规范——期刊学术不端行为界定》（CY/T 174—2019），界定了学术期刊论文作者、审稿专家、编辑者可能涉及的学术不端行为，其中，论文作者常见的学术不端行为包括剽窃、伪造、篡改、不当署名、一稿多投、重复发表、违背研究伦理以及其他学术不端行为等。

1. 剽窃

剽窃（Plagiarism）是指采用不当手段，窃取他人的观点、数据、图像、研究方法、文字表述等并以自己名义发表的行为。按照其剽窃内容，可分为观点剽窃、数据剽窃、图片和音视频剽窃、研究实验方法剽窃、文字表述剽窃、整体剽窃、他人未发表成果剽窃 7 类。

（1）观点剽窃

不加引注或说明地使用他人的观点，并以自己的名义发表，应界定为观点剽窃。表现形式包括：不加引注地直接使用他人已发表文献中的论点、观点、结论等；不改变其本意地转述他人的论点、观点、结论等后不加引注地使用；对他人的论点、观点、结论等删减部分内容后不加引注地使用；对他人的论点、观点、结论等进行拆分或重组后不加引注地使用；对他人的论点、观点、结论等增加一些内容后不加引注地使用。

（2）数据剽窃

不加引注或说明地使用他人已发表文献中的数据，并以自己的名义发表，应界定为数据剽窃。表现形式包括：不加引注地直接使用他人已发表文献中的数据；对他人已发表文献中的数据进行些微修改后不加引注地使用；对他人已发表文献中的数据进行一些添加后不加引注地使用；对他人已发表文献中的数据进行部分删减后不加引注地使用；改变他人已发表文献中数据原有的排列顺序后不加引注地使用；改变他人已发表文献中的数据的呈现方式后不加引注地使用，如将图表转换成文字表述，或者将文字表述转换成图表。

（3）图片和音视频剽窃

不加引注或说明地使用他人已发表文献中的图片和音视频，并以自己的名义发表，应界定为图片和音视频剽窃。表现形式包括：不加引注或说明地直接使用他人已发表文献中的图像、音视频等资料；对他人已发表文献中的图片和音视频进行些微修改后不加引注或说明地使用；对他人已发表文献中的图片和音视频添加一些内容后不加引注或说明地使用；对他人已发表文献中的图片和音视频删减部分内容后不加引注或说明地使用；对他人已发表文献中的图片增强部分内容后不加引注或说明地使用；对他人已发表文献中的图片弱化部分内容后不加引注或说明地使用。

（4）研究（实验）方法剽窃

不加引注或说明地使用他人具有独创性的研究（实验）方法，并以自己的名义发表，应界定为研究（实验）方法剽窃。表现形式包括：不加引注或说明地直接使用他人已发表文献中具有独创性的研究（实验）方法；修改他人已发表文献中具有独创性的研究（实验）方法的一些非核心元素后不加引注或说明地使用。

（5）文字表述剽窃

不加引注地使用他人已发表文献中具有完整语义的文字表述，并以自己的名义发表，应界定为文字表述剽窃。表现形式包括：不加引注地直接使用他人已发表文献中的文字表述；成段使用他人已发表文献中的文字表述，虽然进行了引注，但对所使用文字不加引号，或者不改变字体，或者不使用特定的排列方式显示；多处使用某一已发表文献中的文字表述，却只在其中一处或几处进行引注；连续使用来源于多个文献的文字表述，却只标注其中一个或几个文献来源；不加引注、不改变其本意地转述他人已发表文献中的文字表述，包括概括、删减他人已发表文献中的文字，或者改变他人已发表文献中的文字表述的句式，或者用类似词语对他人已发表文献中的文字表述进行同义替换；对他人已发表文献中的文字表述增加一些词句后不加引注地使用；对他人已发表文献中的文字表述删减一些词句后不加引注地使用。

（6）整体剽窃

论文的主体或论文某一部分的主体过度引用或大量引用他人已发表文献的内容，应界定为整体剽窃。表现形式包括：直接使用他人已发表文献的全部或大部分内容；在他人已发表文献的基础上增加部分内容后以自己的名义发表，如补充一些数据，或者补充一些新的分析等；对他人已发表文献的全部或大部分内容进行缩减后以自己的名义发表；替换他人已发表文献中的研究对象后以自己的名义发表；改变他人已发表文献的结构、段落顺序后以自己的名义发表；将多篇他人已发表文献拼接成一篇论文后发表。

（7）他人未发表成果剽窃

未经许可使用他人未发表的观点，具有独创性的研究（实验）方法，数据、图片等，或获得许可但不加以说明，应界定为他人未发表成果剽窃。表现形式包括：未经许可使用他人已经公开但未正式发表的观点，具有独创性的研究（实验）方法，数据、图片等；获得许可使用他人已经公开但未正式发表的观点，具有独创性的研究（实验）方法，数据、图片等，却不加引注，或者不以致谢等方式说明。

2. 伪造

伪造（Fabrication）是指编造或虚构数据、事实的行为。表现形式包括：

——编造不以实际调查或实验取得的数据、图片等。

——伪造无法通过重复实验而再次取得的样品等。

——编造不符合实际或无法重复验证的研究方法、结论等。

——编造能为论文提供支撑的资料、注释、参考文献。

——编造论文中相关研究的资助来源。

——编造审稿人信息、审稿意见。

3. 篡改

篡改（Falsification）是指故意修改数据和事实使其失去真实性的行为。表现形式包括：

——使用经过擅自修改、挑选、删减、增加的原始调查记录、实验数据等，使原始调查记录、实验数据等的本意发生改变。

——拼接不同图片从而构造不真实的图片。

——从图片整体中去除一部分或添加一些虚构的部分，使对图片的解释发生改变。

——增强、模糊、移动图片的特定部分，使对图片的解释发生改变。

——改变所引用文献的本意，使其对己有利。

4. 不当署名

不当署名（Inappropriate authorship）是指与对论文实际贡献不符的署名或作者排序行为。表现形式包括：

——将对论文所涉及的研究有实质性贡献的人排除在作者名单外。

——未对论文所涉及的研究有实质性贡献的人在论文中署名。

——未经他人同意擅自将其列入作者名单。

——作者排序与其对论文的实际贡献不符。

——提供虚假的作者职称、单位、学历、研究经历等信息。

5. 一稿多投

一稿多投（Duplicate submission/ Multiple submissions）是指将同一篇论文或只有微小差别的多篇论文投给两个及以上期刊，或者在约定期限内再转投其他期刊的行为。表现形式包括：

——将同一篇论文同时投给多个期刊。

——在首次投稿的约定回复期内，将论文再次投给其他期刊。

——在未接到期刊确认撤稿的正式通知前，将稿件投给其他期刊。

——将只有微小差别的多篇论文，同时投给多个期刊。

——在收到首次投稿期刊回复之前或在约定期内，对论文进行稍微修改后，投给其他期刊。

——在不做任何说明的情况下，将自己（或自己作为作者之一）已经发表论文，原封不动或做些微修改后再次投稿。

6. 重复发表

重复发表（Overlapping publications）是指在未说明的情况下重复发表自己（或自己作为作者之一）已经发表文献中内容的行为。表现形式包括：

——不加引注或说明，在论文中使用自己（或自己作为作者之一）已发表文献中的内容。

——在不做任何说明的情况下，摘取多篇自己（或自己作为作者之一）已发表文献中的部分内容，拼接成一篇新论文后再次发表。

——被允许的二次发表不说明首次发表出处。

——不加引注或说明地在多篇论文中重复使用一次调查、一个实验的数据等。

——将实质上基于同一实验或研究的论文，每次补充少量数据或资料后，多次发表方法、结论等相似或雷同的论文。

——合作者就同一调查、实验、结果等，发表数据、方法、结论等明显相似或雷同的论文。

7. 违背研究伦理

论文涉及的研究未按规定获得伦理审批，或者超出伦理审批许可范围，或者违背研究伦理规范，应界定为违背研究伦理。表现形式包括：

——论文所涉及的研究未按规定获得相应的伦理审批，或不能提供相应的审批证明。

——论文所涉及的研究超出伦理审批许可的范围。

——论文所涉及的研究中存在不当伤害研究参与者，虐待有生命的实验对象，违背知情同意原则等违背研究伦理的问题。

——论文泄露了被试者或被调查者的隐私。

——论文未按规定对所涉及研究中的利益冲突予以说明。

8. 其他学术不端行为

——在参考文献中加入实际未参考过的文献。

——将转引自其他文献的引文标注为直引，包括将引自译著的引文标注为引自原著。

——未以恰当的方式，对他人提供的研究经费、实验设备、材料、数据、思路、未公开的资料等，给予说明和承认（有特殊要求的除外）。

——不按约定向他人或社会泄露论文关键信息，侵犯投稿期刊的首发权。

——未经许可，使用需要获得许可的版权文献。

——使用多人共有版权文献时，未经所有版权者同意。

——经许可使用他人版权文献，却不加引注，或引用文献信息不完整。

——经许可使用他人版权文献，却超过了允许使用的范围或目的。

——在非匿名评审程序中干扰期刊编辑、审稿专家。

——向编辑推荐与自己有利益关系的审稿专家。

——委托第三方机构或者与论文内容无关的他人代写、代投、代修。

——违反保密规定发表论文。

（二）学术不端案例

近年，国内外引起公众广泛关注的学术不端事件层出不穷，著名的案例如2014年日本理化学研究所的小保方晴子研究员发表在《自然》的论文被认定为存在篡改、捏造数据，2018年南方科技大学贺建奎副教授违反学术伦理开展基因编辑婴儿试验，被学术打假人士伊丽莎白·比克（Elisabeth Bik）揭发的多位国内外医学研究人员存在大量伪造数据和人为修饰图片的学术造假事件等，均在国内外学术界引起强烈反响。农业科研领域也存在学术不端事件，现举例如下：

1. 东北农业大学教师刘某著作抄袭事件①

2014年5月，成都调味行业资深人士斯波向《成都商报》反映情况称，东北农业大学教师刘某在1月发行的《麻辣食品生产工艺与配方》涉嫌严重抄袭斯波2011年2月出版发行的著作《麻辣风味食品调味技术与配方》。此事经《成都商报》报道后，迅速引起网络关注，随后东北农业大学对此事调查，并通报了处分决定：教师刘某主编的《麻辣食品生产工艺与配方》存在严重的抄袭问题，

---

① 饶颖，2014. 严重抄袭成立　停止主编硕导资格［N］. 成都商报，06-17（27）.

为了教育本人，警示他人，严肃惩处学术不端行为，营造风清气正的学术环境，经学校党委办公会研究决定，给予刘某行政记过处分；取消两年内申聘高一级专业职务的资格；停止研究生导师资格；停发 2014 年全年津贴和年终奖金。

2. 中国农业大学教师李某贪污科研经费事件

2014 年 7 月初，中国农业大学教师李某因涉嫌将项目经费转移至自己控股的公司被相关部门调查。同年 10 月 31 日，最高人民检察院反贪污贿赂总局初步查明，李某利用职务便利，以虚假发票和事项套取科研经费转入本人控制公司方式，先后涉嫌贪污公款 2 000 余万元。6 年后，吉林省高级人民法院对中国农业大学教授、中国工程院院士李某二审做出判决。经查明，李某和同案犯张某贪污科研课题经费 3 410 万元，李某以贪污罪判有期徒刑 10 年，处罚金 250 万元。中国工程院决定自 2020 年 12 月 8 日起撤销李某（农业学部）中国工程院院士称号。

二、科研道德制度建设

由于利益驱动下的侥幸心理、急功近利心理、诚信意识淡薄等个人因素，以及竞争带来的社会压力、学术评价体系、科研管理制度、社会风气等社会因素，产生学术不端的诱因会长期存在，意味着我们需要建立保障科研诚信、规范学术研究的长效机制，完善制度、规范管理。

2009 年，为进一步加强高等学校学风建设，惩治学术不端行为，教育部制定了《关于严肃处理高等学校学术不端行为的通知》。2012 年，为惩治学位论文作假、营造优良学风环境，教育部颁布了首部处理学术不端行为的部门规章《学位论文作假行为处理办法》，共 16 条，自 2013 年 1 月 1 日起施行。2016 年，教育部先后颁布了《强化学风建设责任实行通报问责机制》和《高等学校预防与处理学术不端行为办法》，明确了高等学校是学术不端行为预防和处理的主体，学校应当利用好信息技术手段，建立对学术成果、学位论文所涉及内容的知识产权查询制度，健全学术规范监督机制。

为了维护学术道德，严明学术纪律，规范学术行为，预防学术腐败，促进学术活动的健康发展，国内涉农高校和农业科研单位都出台了关于科研道德建设的行为规范（表 2）。

表 2　国内部分涉农高校和农业科研单位对于科研道德建设的规定

机构名称	依据	规定内容
中国农业科学院	《中国农业科学院科研道德规范》	列举了 9 种科研不端行为；对认定为科研不端行为的人员，根据情节，参照《事业单位工作人员处分暂行规定》给予相应纪律处分。情节轻微，不构成违纪的，可给予责令检查，在一定范围内通报批评；情节严重涉嫌违法犯罪的，移交司法机关处理
中国农业大学	《中国农业大学学术道德行为规范》	对有学术不端行为的教职工（含进修人员和访问学者），视情节轻重，给予学术处理或行政处分。学术处理为：训诫、撤销研究项目、追回研究经费、撤销学术荣誉称号、停招研究生、取消研究生指导教师的资格等。属学校权限范围的由学校进行处理；不属学校权限范围的由学校向上级有关部门通报。行政处分为：警告、记过、降级或降职、撤职、留校察看、开除
西北农林科技大学	《关于规范西北农林科技大学研究生学术道德的暂行规定》	列举了 16 种违反学术道德的行为；违反学术道德规定者，经查实后若情节轻微将分别给予责令改正、批评教育、延缓答辩、取消相关奖项及取消申请学位资格等学业处理。严重违反学术道德、影响恶劣者，给记过、留校察看、勒令退学直至开除学籍处分。对已授予学位的研究生，提交校学位评定委员会审核判定，以致撤销授予的学位
华中农业大学	《华中农业大学处理学术不端行为办法》《华中农业大学学术不端行为处罚细则》	列举了 10 种学术不端行为；针对不同行为对学生及教职工（含导师）给出了不同的处理办法，对学生的处理包括开除学籍、撤销学位；对教职工（含导师）的处理包括开除、解除聘用合同、解除教师职务、撤销学位
河北农业大学	《河北农业大学加强学术道德建设实施意见》	严格监督检查各种学术不端行为。建立学术道德问题举报奖励制，凡举报属实的，酌情给予奖励。对违反学术道德的行为，一经查实，要视具体情况给予批评教育、撤销项目、行政处分、高职低聘、取消资格或称号、解聘等相应的处罚
甘肃农业大学	《甘肃农业大学学术委员会学术不端行为处理实施细则》	列举了 10 种学术不端行为以及 6 种情节严重情形；学生有学术不端行为的，还应按照学生管理的相关规定，给予相应的学籍处分；学术不端行为与获得学位有直接关联的，可作暂缓授予学位、不授予学位或依法撤销学位等处理。被认定违反本实施细则的研究生学位论文的指导教师有过错的，应根据情节严重程度给予下列处分或处理：通报批评；暂停研究生指导教师资格；取消研究生指导教师资格；警告、记过、降级、撤职、开除等纪律处分

三、科学精神与科学家精神弘扬

对于科研道德的建设，除了用行为规范准则加以约束，还应注重对科研人员自身科研道德的培养，因此应大力弘扬科学精神与科学家精神。

科学精神是科学实现其社会文化职能的重要形式，包括自然科学发展所形成的优良传统、认知方式、行为规范和价值取向，是实事求是、求真务实、开拓创新的理性精神，具体表现为：由好奇心、求知欲衍生的"锲而不舍""打破砂锅问到底""弄不清楚明白就誓不罢休"的求真精神；崇尚独立、自由的心智，怀疑、批判的头脑，严谨、清晰的思维，以及开放、兼容的胸襟的价值取向；尊重事实、尊重逻辑，不诉诸教条、权威与群众，愿意接受批评，承认错误和自我改正的勇气的科学态度。钟南山院士曾在采访中提到，科技工作者要热爱自己的祖国，同时还要崇尚科学、创新、诚实、协作等科学精神。

习近平总书记在 2016 年 5 月 30 日召开的全国科技创新大会、两院院士大会、中国科协第九次全国代表大会上指出，"科学研究既要追求知识和真理，也要服务于经济社会发展和广大人民群众。广大科技工作者要把论文写在祖国的大地上，把科技成果应用在实现现代化的伟大事业中。"科学家要弘扬科学精神、实现科学共同体的核心价值，应当以探索奥秘、献身创新，应用知识、创造财富，传播科学、破除愚昧，崇尚诚信、倡导和谐，培养后人、科学传承为己任，将科技事业与国家和民族的前途命运、与人民的福祉紧密结合起来。

科学家精神是科技工作者在科学实践活动中逐渐形成的为真理和信仰献身的精神，探索未知和奉献新知的精神，是科学家本性的自然流露和延伸。习近平总书记在 2020 年 9 月 11 日召开的科学家座谈会上指出，"科学家精神是科技工作者在长期科学实践中积累的宝贵精神财富。"党中央出台的《关于进一步弘扬科学家精神加强作风和学风建设的意见》明确提出，科学家精神是"胸怀祖国、服务人民的爱国精神，勇攀高峰、敢为人先的创新精神，追求真理、严谨治学的求实精神，淡泊名利、潜心研究的奉献精神，集智攻关、团结协作的协同精神，甘为人梯、奖掖后学的育人精神"。

（一）"杂交水稻之父"袁隆平

袁隆平（1930—2021），生于北京，江西德安人，中国杂交水稻事业的开创者和领导者，国家杂交水稻工程技术研究中心原主任，中国工程院院士，被誉为"杂交水稻之父"。

作为一位科学巨人，袁隆平用行动深刻践行并诠释了科学精神与科学家精神。他胸怀祖国、服务人民，从年轻时义无反顾报考农学专业、下定决心"解决粮食增产问题，不让老百姓挨饿"起，一生专注田畴，坚守杂交水稻研究半个多世纪，其孜孜以求的梦想是让所有人远离饥饿。他勇攀高峰、敢为人先，冲破了经典遗传学观点的束缚，创造了一门崭新的系统的学科——杂交水稻科学，丰富和发展了作物遗传和育种理论，抓住敏锐的灵感直觉，把这种灵感用科学的理论推理来证实，再用于指导试验和实践，反复进行，直到成功，形成了自己独具特色的思维方式。他追求真理、严谨治学，"不在家，就在试验田；不在试验田，就在去试验田的路上"，经历无数坎坷与挫折而从不放弃，求实、创新、宽容、孜孜不倦，是袁隆平坚持水稻研究的无限动力。他淡泊名利、潜心研究，被称为"看上去更像农民"的科学家，一生朴实无华，深藏功与名，把全部心血和智慧献给了党和人民。

习近平总书记高度肯定袁隆平同志为我国粮食安全、农业科技创新、世界粮食发展作出的重大贡献，并要求广大党员、干部和科技工作者向袁隆平同志学习，强调我们对袁隆平同志的最好纪念，就是学习他热爱党、热爱祖国、热爱人民，信念坚定、矢志不渝，勇于创新、朴实无华的高贵品质，学习他以祖国和人民需要为己任，以奉献祖国和人民为目标，一辈子躬耕田野，脚踏实地把科技论文写在祖国大地上的崇高风范。

（二）"魔芋大王"何家庆

何家庆（1949—2019），安徽安庆人，因多年研究魔芋并传授魔芋技术被誉为"魔芋大王"，曾任南京大学生命科学学院植物标本室主任，安徽大学生命科学学院教授。

"读着共产党的书，拿着共产党的钱，好好学习，努力向上，以求深造，成长后要成顶天立地之业，才对得起党，对得起人民。"这是老父亲对他的殷殷叮嘱，也是何家庆对科学精神与科学家精神的践行。他追求真理、严谨治学，1984 年 3 月，何家庆带着 8 000 元钱，踏上了全面考察大别山之路，途经 3 省 19 县，行程 12 684 公里，攀登千米以上山峰 357 座，采集植物标本 3 117 种号、近万份，成为有史以来第一个全面考察大别山的人，其考察报告为中央实施山区星火计划提供了依据。1998 年 2 月，他只身前往大西南，开始了长达 305 天的科技扶贫之旅，跨越 8 省区，行程 31 600 公里，途中采集到我国现有 27 种魔芋品种中的 17 种，并发现了最原始的魔芋生存形态，证明世界魔芋的故乡在中国。他淡泊名利、潜心研究，为了养成野外生存的能力，他开始住山洞，喝山泉水，生吃冷饮，练习辨别野果有无毒，强迫自己适应各种恶劣的环境，时时刻刻都在为下一次"旅行"做准备。他胸怀祖国、服务人民，在《我的 1998：何家庆西行日记》中写道："21 世纪，科学技术将推动历史的进程，中国是个发展中国家，知识分子要做的工作很多。一个有良知的知识分子，理当主动积极地肩负历史使命；一个爱国的知识分子，理当肩负起祖国的重任。"

何家庆的先进事迹集中体现了我国科技工作者热爱人民、无私奉献，刻苦钻研、艰苦朴素的优秀品质和崇高精神，具有鲜明的时代特征，得到了李岚清、温家宝等中央领导的高度评价。

（三）"农民院士"朱有勇

朱有勇，1955 年生，云南个旧人，植物病理学专家，中国工程院院士，云南农业大学名誉校长，云南省科学技术协会主席。他带领科研团队开创性地研究了作物多样性控制病害的效应、机理和推广应用。

朱有勇继承和弘扬科技战线的优良传统，把爱国之情、报国之志转化为投身科研的实际行动，潜心科研、矢志创新，取得多项重大科研成果，为国家和人民作出了突出贡献。他胸怀祖国、服务人民，积极响应党的号召，牢记习近平总书记关于"广大科技工作者要把论文写在祖国的大地上"的嘱托，主动请缨到深度贫困的澜沧拉祜族自治县开展扶贫，把实验室搬到田间地头，在当地建立"科技小院"，创办院士科技扶贫指导班，立足农村推动科技成果转化应用，带领村民发展特色产业，走出了一条精准有效的科技扶贫之路。他淡泊名利、潜心研究，4 年时间，他走遍澜沧村寨、跑遍田间地头，与少数民族群众同吃同住同劳动，受到各族群众真心爱戴和社会各界高度赞扬，被亲切地称呼为"农民院士"。他无偿把具有自主知识产权的中药材林下种植核心技术和专利所得，全部拿出来给农民群众分红，诠释了一名农业科技工作者的无私奉献精神。他勇攀高峰、敢为人先，紧盯农业科技发展的关键性技术难题，用 30 多年的时间和精力钻研攻克了遗传多样性、物种多样性和生境多样性控制作物病虫害系列重大课题。他构建的冬季马铃薯优质高效技术体系，累计推广1 131.2 万亩，促进农民增收 228.8 亿元，用科技力量改变民族地区贫困落后面貌。他甘为人梯、奖掖后学，在当选为中国工程院院士后，毅然决定捐出个人获得的 400 万元奖金成立云南农业大学"有勇奖学基金会"，激励了更多师生学农爱农、潜心研究、服务"三农"。朱有勇恪尽职守对教育事业始终充满热情，明道信道、立德树人，培养了一批批优秀学子和学术带头人，在科技扶贫生动实践中培养了一大批有文化、懂技术、会经营的新型农民和科技致富带头人。

朱有勇是打赢脱贫攻坚战中涌现出的先进典型，是习近平总书记关于精准扶贫、精准脱贫重要思想的忠实践行者。国务院副总理刘鹤强调，"科技界要以朱有勇院士为楷模，大力弘扬科学精神，树立好的学风，真正把科技创新和人民福祉紧紧连在一起，保持谦虚谨慎，做到脚踏实地、扎实工作，为国家科技事业作出更大贡献。"

(四)"太行山愚公"李保国

李保国（1958—2016），河北武邑人，知名经济林专家，山区治理专家，河北农业大学二级教授、博士生导师。获评开创山区扶贫新路的"太行山愚公"。

李保国曾说，他一生最高兴的是："把我变成了农民，把农民变成了'我'。"他胸怀祖国、服务人民，"我必须把自己的知识和能力全部贡献出来，太行山的父老乡亲富起来了，我的事业才算成功。"他是这么说的，更是这么做的。他淡泊名利、潜心研究，"不为名来、不为利去，一个心眼儿为百姓"，在林业技术推广方面，他有求必应，从未收过农民一分钱讲课费，从未拿过企业任何股份，他让 140 万亩荒山披绿，带领 10 万农民摘掉了"穷帽子"。他追求真理、严谨治学，35 年间，李保国把家安在了石头多、土层薄、不涵水、水灾旱灾频发的太行山区，起早贪黑、钻沟爬岭、风雨无阻地上山研究课题。他甘为人梯、奖掖后学，承担了4门博士课程、4门硕士课程以及3门本科生课程的教学任务，全年达416学时，培养了一批又一批优秀学子。

"李保国同志35年如一日，坚持全心全意为人民服务的宗旨，长期奋战在扶贫和科技创新第一线，把毕生精力投入到山区生态建设和科技富民事业之中，用自己的模范行动彰显了共产党员的优秀品格，事迹感人至深。"这是习近平主席对李保国同志的高度评价，更是李保国同志科学家精神的彰显。习近平总书记号召广大党员、干部和教育、科技工作者要学习李保国同志心系群众、扎实苦干、奋发作为、无私奉献的高尚精神，自觉为人民服务、为人民造福，努力做出无愧于时代的业绩。

农业是国民经济的基础，我国在农业科学领域，涌现了一大批像袁隆平、何家庆、朱有勇、李保国这样的优秀科学家，他们长期扎根农业科研一线，心系"三农"，为我国农业科技的进步、为农业和农村的发展奉献了毕生的努力，他们的研究方向和内容虽各不相同，但都以自身行动践行了科学精神与科学家精神，为国家富强、民族复兴、人民幸福作出了不可磨灭的贡献。奋斗新时代、奋进新征程，广大农业科技工作者要进一步弘扬科学精神与科学家精神，肩负起时代赋予的重任。

四、结束语

科学活动作为人们认识客观世界的知识生产活动，从根本上改变了人类生存环境。学术诚信是良好创新人格的重要内容之一，应当成为科技工作者素质教育的重要内容。学术诚信的培养一是"防"，二是"治"，即"防治结合"；更重要的是，要有良好的创新文化环境，从而为学术诚信提供保障。治理学术不端现象需要建立起一套公平、透明和可操作的程序及规则，以利正义的实施。作为青年科技工作者，应大力弘扬科学精神和科学家精神，围绕国家战略，找准自身定位，坚持科技报国，"把论文写在祖国的大地上，把科技成果应用在建设社会主义现代化强国的伟大事业中"。

走好农业科技创新先手棋

主讲人：张文＿＿＿＿＿＿＿＿＿＿＿＿＿＿＿＿＿＿＿＿＿＿＿＿＿＿＿＿＿＿

　　农业农村部科技教育司一级巡视员。长期从事农业科技管理工作，组织并参与农业科技战略、规划、政策等研究制定。组织并参编《新中国农业发展70年：科学技术卷》等书籍。

科技水平影响民族兴衰，创新能力关乎国家命运。当今世界，科技创新已经成为提高综合国力的关键支撑，成为社会生产方式和生活方式变革进步的强大引领；谁牵住了科技创新这个牛鼻子，谁走好了科技创新这步先手棋，谁就能占领先机、赢得优势。农业始终是事关发展全局和国家安全的基础产业，持续提升农业科技创新能力，是实现乡村全面振兴、加速农业农村现代化的根本动力和重要保障。要实现高水平农业科技自立自强，必须着眼于青年科技人才创新思维、创新意识、创新能力的全面提升，进而保证国家农业创新力和竞争力的持续提高，为建设世界农业强国和科技强国奠定坚实基础。

一、农业科技创新面临的新形势新要求

进入新发展阶段，我国农业科技正从量的积累迈向质的飞跃、从点的突破迈向系统能力的提升，形势要求、机遇挑战都发生了很大变化。特别是当前"三农"工作重心已经历史性转向全面推进乡村振兴，创新成为乡村全面振兴的重要支撑，不管是解决保基本的粮食供给"够不够"的问题，还是保多样保质量的农产品"优不优"的问题，以及突破基础前沿、抢占创新制高点"有没有"的问题，都需要农业科技的"保驾护航"。

（一）党中央对农业科技的期望之高

党的十九届五中全会提出"坚持创新在我国现代化建设全局中的核心地位，把科技自立自强作为国家发展的战略支撑"，把"坚持创新驱动发展"作为"十四五"时期首要任务进行部署。党的十八大以来，习近平总书记在很多地方调研时强调，"给农业插上科技的翅膀""农业现代化，关键是农业科技现代化""让农民掌握先进农业技术，用最好的技术种出最好的粮食"。近年，习近平总书记在中央会议上多次强调，听取了种业振兴、农业关键核心技术攻关、生物安全建设、农业农村减排固碳等工作汇报并作出重要指示。党中央对农业科技寄予厚望，为农业科技创新营造了更加有力的外部环境和条件支撑，要求我们面向世界科技前沿、面向经济主战场、面向国家重大需求、面向人民

生命健康，不断向农业科学技术的广度和深度进军，推动我国农业科技实现整体跃升，为全面推进乡村振兴、加快农业农村现代化提供更为有力的科技支撑。

（二）稳粮增收对农业科技的压力之重

习近平总书记指出，解决吃饭问题，根本出路在科技。中国 14 亿多人口，每天一张口，全国就要吃掉 70 万吨粮、9.8 万吨油、192 万吨菜、23 万吨肉，相当于很多小国家一年的总量，保障粮食安全和重要农产品有效供给的压力非常大。当前，我国很多农产品的进口依存度比较高，仅大豆一项 2021 年进口量约 1 亿吨，较 2000 年增长了 10 倍，进口的农产品换算成种植面积超过 10 亿亩。根据第三次全国国土调查数据显示，我国耕地面积为 19.179 亿亩，较第二次全国国土调查减少了 1.13 亿亩，依靠扩大面积增加粮食产量的潜力十分有限，资源约束只会越来越紧。稳产保供只有一条出路，就是向科技要单产、要效益，全面提升我国粮食和重要农产品自给水平，把中国人的饭碗牢牢端在自己的手中，我们的饭碗主要装中国粮。当前，"三农"工作重心历史性转向全面推进乡村振兴，乡村发展、乡村建设、乡村治理也都亟须农业科技提供更好的支撑服务。农产品要品种花色多样、口感质量优良、绿色安全健康，农业产业要提质增效，融合发展要长链增值，新业态新模式要不断扩增，要求我们必须发挥好农业科技这个关键变量作用，聚焦全面推进乡村振兴、加快农业农村现代化的主战场，围绕产业链部署创新链，强化农业科技高质量供给，提供一体化综合技术方案，全链条提升农业质量效益和竞争力。

（三）自立自强对农业科技的要求之紧

当前，科技创新成为国际战略博弈的主要战场，围绕科技前沿制高点、关键技术自主权的竞争空前激烈。国际农业科技竞争不断向基础前沿和颠覆性技术研究前移，由此引发科学研究范式的深刻变革，学科交叉深度融合，颠覆性技术成果不断涌现。党的十八大以来，我国农业科技取得了长足发展，农业科技进步贡献率已经突破 61%，主要农作物实现良种全覆盖，三大主粮生产基本实现全程机械化，全国农作物耕种收综合机械化率超过 72%，为我国粮食产量连续七年稳定在 1.3 万亿斤以上、实现粮食生产十八年连续丰收作出了重要贡献。虽然当前我国农业科研整体实力已经进入世界第一梯队，但短板与弱项依然突出，特别是原始创新不足，不少领域还处在并跑或跟跑阶段。比如，我国玉米、大豆单产只有美国的 60% 左右，美国杜邦的"先玉 335"已成为我国推广面积第二大的玉米品种；我国农业大数据挖掘、核心算法等关键核心技术对外依存度达 90% 以上，联合收割机等智能控制系统尚无国产可替代系统；基因编辑、合成生物、人工智能等农业科技前沿领域缺乏自主知识产权。关键核心技术是要不来、买不来、讨不来的，我国要实现农业大国向农业强国跨越，必须加快推进高水平农业科技自立自强，补足短板、锻造长板，全力以赴攻坚克难，切实摆脱关键核心技术受制于人的被动局面，把发展主动权牢牢掌握在自己手中。

二、青年科技人才提升农业科技创新能力应当具备"五种意识""五种能力"

发展是第一要务，人才是第一资源，创新是第一动力。保障国家粮食安全，守好"三农"战略后院，突破农业关键核心技术，应对各种国内外风险挑战，对农业科技人才特别是青年科技人才提出了更高要求、更严标准。

（一）强化"五种意识"，勇担科技创新重任

1. 讲政治，强化使命意识

旗帜鲜明讲政治是我们党作为马克思主义政党的根本要求，也是青年科技人才安身立命之根本。党的十八大以来，习近平总书记从党的事业薪火相传和国家长治久安的战略高度，指出"广大青年要肩负历史使命，坚定前进信心，立大志、明大德、成大才、担大任，努力成为堪当民族复兴重任的时代新人"，要"在劈波斩浪中开拓前进，在披荆斩棘中开辟天地，在攻坚克难中创造业绩"。

当前，我国正处于实现中华民族伟大复兴关键时期，当今世界也正经历百年未有之大变局，两者同步交织、相互激荡，构成我们全面建设社会主义现代化国家的历史坐标和时代背景。新时代、新使命、新征程赋予了农业青年科技人才新的任务，对农业青年科技人才提出了新要求。面对纷繁复杂的国际形

势、风险挑战，农业青年科技人才要始终胸怀"国之大者"，把国家长远利益和人民根本利益作为出发点和落脚点，把实现中华民族伟大复兴中国梦作为奋斗目标。

在科研工作中，要坚持以中国为观照、以时代为观照，立足中国实际，解决"三农"问题；坚持"四个面向"，紧跟世界科技发展大势，对标一流水平，根据乡村振兴和农业农村现代化急迫需要和长远需求，敢于提出新理论、开辟新领域、探索新路径，多出战略性、关键性重大科技成果。

2. 讲情怀，强化为农意识

农业农村农民问题是关系国计民生的根本性问题。"务农重本，国之大纲。"历史和现实都告诉我们，农为邦本，本固邦宁。党的十八大以来，习近平总书记坚持把解决好"三农"问题作为全党工作的重中之重，提出要举全党全社会之力推动乡村振兴，促进农业高质高效、乡村宜居宜业、农民富裕富足。农业青年科技人才是"三农"工作的生力军，肩负着实现乡村振兴、民族复兴伟大梦想的重任，要始终心系"三农"，强化为农意识。

要发扬和传承"北大荒精神""祁阳站精神"。老一代北大荒人数十年如一日，秉持"艰苦奋斗、勇于开拓、顾全大局、无私奉献"的精神，为垦区的开发建设、国家粮食安全奉献了青春和汗水。奋斗新时代、奋进新征程，农业青年科技人才要继续发扬老一辈艰苦奋斗、敢教日月换新天的精神，始终牢记"端好自己的碗""做好自己的事"，用奋斗实干谱写出新时代"三农"精彩诗篇。要继承和发扬老一辈农业科学家执着奋斗、求实创新、情系"三农"、服务人民的精神，求真笃行、敬农致用的优秀品格，耐得住寂寞、守得住清贫的科学家情怀，无论身处何地，始终潜心农业科研，为推动中国农业科技发展贡献青春力量。

要践行"一懂两爱"。做"三农"工作，没有情怀是做不好的。只有深知"三农"、心系"三农"、热爱"三农"，才能扎实做好"三农"工作。农业青年科技人才要带着对"三农"的深厚感情去干工作，用"一懂两爱"的标准来衡量，切实做到懂理论、有信念、讲情怀、善工作，不断增强做好"三农"工作的本领和能力，扎扎实实把乡村振兴战略稳步向前推进。

3. 讲大局，强化战略意识

当前，我国开启全面建设社会主义现代化国家新征程，必须以辩证思维科学把握新发展阶段面临的新机遇、新挑战，以系统观念摸准规律、认准方向、找准路径、把准关键，以问题导向和目标导向破解"三农"发展中的难题，从而为全面建设社会主义现代化国家开好局、起好步提供有力支撑。

坚持大历史观来看待"三农"问题。历史是最好的教科书，是"最好的清醒剂"，是一个民族、一个国家形成、发展及盛衰兴亡的真实记录。善于从历史源头看问题，运用大历史观解决问题，是习近平新时代中国特色社会主义思想的重要组成部分，也是农业青年科技人才做好新时代"三农"工作的必然遵循。

坚持用全局观来把握"三农"问题。从国际形势看，新冠肺炎病毒疫情影响广泛深远，经济全球化遭遇逆流，世界进入动荡变革期，不确定性日益增加；从国内发展看，我国经济已由高速增长阶段转向高质量发展阶段，解决发展不平衡不充分的问题更加迫切，统筹发展和安全的任务更加艰巨。研究"三农"问题需要全局统筹把握，既了解国内情况和问题，还要统筹把握国际发展形势和动态趋势。

要坚持用战略思维研究"三农"问题。既要关注影响当前农业农村农民发展的关键核心问题，也要科学把握关乎可持续发展的长远问题；既要解决单一环节的科学问题，更要精准把脉产业全局全貌；既要把论文写在祖国的大地上，也把科技成果应用在实现农业农村现代化的伟大事业中。

4. 讲规律，强化创新意识

习近平总书记指出，很多科学研究要着眼长远，不能急功近利，欲速则不达。农业科研有着明显的特点和自身规律，对青年科技人才而言，尤其要培育科学精神，强化创新意识。

坚定科研信念，持之以恒。农业科研周期长，受资源环境、气候变化等不确定因素影响大，在科研创新活动中，经常是成功与失败并存，甚至失败多于成功。一定要有定力、有恒心，坚定信念，以"钉钉子"精神潜心科研，持之以恒，防止急功近利。

遵循科学规律，扎实做好基础研究。基础研究是科技创新的源头。我国"三农"基础研究虽然取得显著进步，但同国际先进水平的差距还是明显的。我国面临的很多"卡脖子"技术问题，根子是基础理论研究跟不上，源头和底层的东西没有搞清楚。要遵循科学发现自身规律，以重大科技问题为导向，扎实做好基础研究，形成基础研究和应用研究相互促进的良性研究机制。

勇于探索创新，久久为功。从实践看，凡是取得突出成就的科学家都是凭借执着的好奇心、事业心，终身探索成就事业的。有研究表明，科学家的优势不仅靠智力，更主要的是专注和勤奋，经过长期探索而在某个领域形成优势。农业青年科技工作者要专注于自己的科研事业，勤奋钻研，不慕虚荣，不计名利，方能久久为功。

5. 讲胸襟，强化协作意识

积力之所举则无不胜，众智之所为则无不成。纵观我国农业科技发展史，本身就是一部集智攻关、团结协作的历史。以杂交稻为例，早在 1972 年，农林部就把杂交稻列为全国重点科研项目，在袁隆平带领下组成了全国范围的攻关协作网，在广大科技人员先后突破"不育系"和"保持系"的基础上，进一步筛选到优良"恢复系"，实现杂交水稻"三系"配套成功，又相继攻克了杂种"优势关"和"制种关"，为水稻杂种优势利用铺平了道路。1998 年，一支由全国十多个省（区）成员单位参加的协作攻关大军，又攻克了两系法杂交水稻难关。对农业青年科技人才而言，协作意识尤为重要。

要厚植团队意识。在科研难题面前，无论团队内部还是各个单位部门之间，只有拧成一股绳、通力配合，才能不断攻坚克难、实现突破。正所谓"单丝不成线""独木不成林"，"单打独斗"式的科研既难以适应时代要求，也不利于青年科技人才自身成长。

要强化跨界融合思维。现代科学技术发展日新月异，发展的深度、广度和复杂程度前所未有，各个学科间不断交叉融合是必然要求。从"三农"科研领域来看，人工智能、材料科学、生物工程等与农业发展的关联日益密切，科研工作需要不断强化跨学科的融合思维，才能在攻关中实现突破与创新。

要强化集众人之所长。不拒众流，方为江海。科研工作中各领域研究视角不同、意见多有不同，所谓"真理越辩越明"，科研团队协作中既要善于集中好的意见，又要能够听得进不同意见。

（二）提高"五种能力"，勇攀科技高峰

1. 提高对世界科技前沿的洞察把握能力

农业科技的每一次重大进步，都引领着生产方式变革和产业迭代升级，从

而引起农业的全面革新。纵观农业科技发展史，每一项核心技术的创新，无一例外源自重大原创性的科学理论突破。新中国成立以来，我国农业科技经过70多年的发展，特别是改革开放以来40多年的加速发展，我国农业科技创新工作正从跟跑向并跑、领跑迈进。一代又一代农业科技工作者在农业新品种、新技术、新产品、新装备、新设施等领域持续突破，使得我国农业科技创新能力不断提升，原始创新成果不断涌现，深刻影响了我国农业农村现代化的方向和进程。青年科技人才是我国农业科技创新的主体，是引领科技创新和产业变革的中坚力量。

要准确把握和研判国际发展趋势和研究热点，通过前瞻性思考、创见性思维，洞察科技先机，及时掌握高效生物育种、合成生物学、智能生产装备等农业科技领域的革命性、前瞻性、引领性农业科技发展态势。要以严谨科学的态度和自立自强的勇气，勇闯科技创新"无人区"，努力实现更多"从0到1"的突破，快速抢占农业科技创新制高点。要不断开拓新兴研究领域，引领催生出更多新产业、新业态、新模式，走出适合我国国情的农业科技创新道路。

2. 提高掌握扎实专业技能的学习能力

国家现代化离不开农业现代化，实现农业现代化是我国经济社会发展的必经之路。农业现代化关键在科技、在人才。当前，农业科技发展日新月异，多学科交叉融合向纵深发展。机械化、信息化、智能化的农业生产技术手段和科学化、社会化的农业服务体系引发生产方式的变革，为农业现代化发展注入新的活力。

农业青年科技人才作为农业科技创新的主体，要伸展思维触角，迅速适应学科发展变化情况，敏锐捕捉学科热点难点，寻根溯源找到创新原点，再从原点出发去寻找解决问题的根本途径；要持续学习进化，快速消化吸收新思想、新理论和新知识、新技能，不断提升科学素养和创新能力，厚植科研潜力，实现创新能力的升级迭代；要夯实专业基础，利用扎实的专业技能和过硬的科研本领，针对关键科学问题开展原创性科学研究，研发出国际一流的对农业科技创新、产业发展有潜在或较高的理论价值或应用价值的高水平科研成果。

3. 提高解决产业科技问题的实践能力

科技创新作为现代农业的驱动力，在保障重要农产品有效供给、促进农民脱贫增收和农业绿色低碳发展方面发挥着重要作用。当前，我国农业农村发展步入乡村振兴、质量兴农、绿色发展和创新驱动的新时代，以及新一轮科技产业变革的历史性交汇期，针对国内经济下行压力加大、国际局势风云变幻的复杂局面，从服务生产到服务产业，农业发展对新时代农业青年科技人才提出了新要求。如何有效破解科研生产"两张皮"问题，补齐制约我国农业高质量发展的短板弱项，是摆在农业青年科技人才面前的重要课题。

这就要求农业青年科技人才要能够面向现代农业建设主战场，一方面，紧盯国内外与国家重大战略相关的农业产业发展动态，掌握产业发展总体情况、分析存在的问题瓶颈，将农业生产实践中关键性技术难题转化为科学问题，充分发挥战略科技力量效能，开展问题导向的科研工作，增强科学研究的针对性；另一方面，要主动入位，对接供给侧结构性改革和农业绿色低碳发展要求，服务企业科技需求，开展具有产业化应用前景的核心技术、竞争力强的产品装备研发，将研发成果快速落地应用到生产实践中，以创新成果助推农业农村科技进步和产业发展。

4. 提高独当一面挑大梁的组织能力

农业科技创新是一项围绕产业链构建创新链的长周期、系统性工程，产业链各环节分工越来越明确，创新链各团队协作越来越紧密。以农业新品种培育为例，短则 8～10 年，长则 20～30 年，需要遵循科学规律持续研究，从这个角度来看，农业青年科技人才是当前和未来引领农业科技创新工作的战略科技储备力量。

要通过科技项目发现自己。积极组织和参与全球性、全国性、区域性重大科技任务协同创新，发挥农业青年科技人才敢想敢拼的优势，增强统筹协调能力，逐步成为挑大梁的科研骨干和领军人才。要通过科研实践锻炼自己。围绕重大科学问题和产业科技问题，集中精力开展基础前沿研究与关键核心技术攻关，增强理论与实践相结合的能力，逐步成为既懂产业又懂科研的复合型人才。要通过攻坚克难提升自己。着力破解制约农业科技创新的"卡脖子"问题，集聚优势团队力量开展产业科技协同攻关与集成示范，增强"啃硬骨头"的能力，逐步成为强于沟通、善于组织、勇于冲锋的青年战略科学家。

5. 提高善于破旧立新的思辨能力

"君子之学必日新，不日新者必日退"，农业科技创新也是一样。科技进步推动以劳动力要素投入为主的传统农业向科技和信息要素投入为主的现代农业方向发展，引起传统农业的颠覆性变革。随着农业科技进步，照搬照抄、囫囵吞枣式的农业科技引进利用已不能满足我国农业现代化和高质量发展需要，一些新技术和新业态也难以在我国的生产实践中生搬硬套。"一粒种子可以改变一个世界，一项技术能够创造一个奇迹。"对农业青年科技人才而言，创新精神尤显重要。

要能够扎根土地，深入农业生产一线和产业各个环节，在调研中发现问题、在实践中积累经验、在思辨中凝练科学问题。要敢于打破"惯性思维"，建立积极思考新理论、新方法、新观点、新技术背后价值的"绿灯思维"，透过现象抓住本质，破除思维定式。要坚持做难而正确的事，"为学日益，为道日损"，农业科技创新工作不能仅停留在简单的新技术运用层面，而应深入到理论创新维度。要在消化吸收基础上开展再创新，善于推陈出新、破旧立新，避免做同质化、低水平重复研究，避免"路径依赖"式的低质量创新，充分运用思辨的力量，以创新链建设为抓手，革故鼎新，引领和推动我国农业高质量发展。

三、积极营造优秀农业青年科技人才脱颖而出的创新生态

扎实推进"藏粮于地、藏粮于技"战略落实到位，加快实现高水平农业科技自立自强，支撑全面推进乡村振兴、加快实现农业农村现代化，都迫切需要在人才培养、平台建设、机制创新、创新生态打造等方面出实招、下真功。

（一）培育农业科技人才队伍，蓄足科技创新源头活水

科技的竞争，归根到底还是人才的竞争。当前，农业科技已经到了非突破不可、非自强不行的阶段，农业科技人才队伍也到了非壮大不可、非强健不行的时候，必须以只争朝夕、时不我待的使命感紧迫感，把农业科技人才工作作为"三农"工作的重大任务来抓，打造强有力的"三支队伍"，引领农业科技创新从量的积累迈向质的飞跃、从点的突破迈向系统提升。

瞄准"国之重器"，发现和培养农业战略科学家。战略科学家是国家战略

人才力量中的"关键少数"，是能够引领创新方向，领衔科技大会战的帅才。要坚持实践标准，在农业关键核心技术攻关、农业生物育种重大项目、现代农业产业技术体系等重大科技任务担纲领衔者中，发现长期奋战在科研一线，视野开阔，具有深厚科学素养、前瞻性判断力、跨学科理解能力、大兵团作战组织领导能力强的农业科学家。坚持长远眼光，有意识地发现和培养更多具有战略科学家潜质的高层次复合型农业人才，形成农业战略科学家成长梯队。

聚焦"破卡解难"，打造一流农业科技领军人才和创新团队。这是农业科技战略力量的主将主力，是解决农业"保供、解卡、防风险、促绿色转型"等科技难题的开路先锋，组织颠覆性重大科技任务的指挥群体。围绕战略必争和新兴技术领域，通过设立并实施"神农英才"计划，在粮食和重要农产品保供、关键核心技术攻关、重大农业风险防控等战略领域，遴选一批具有战略创新思维、具有科技前沿和产业发展深刻把握能力、具有领衔决胜重大科技攻关统筹协调能力的农业科技领军人才。

围绕"后继有人"，扶壮青年科技人才队伍。这是农业战略科技力量的源头活水，需要给机会、压担子、搭梯子持续跟踪培养。在农业科技项目、科技创新平台、现代农业产业技术体系、技术试验示范等工作中，支持青年人才挑大梁、当主角，使他们尽快脱颖而出。鼓励高校、科研院所、企业围绕重点学科和领域，设立农业青年科技人才培养专项，稳定支持一批创新潜力突出的农业青年科技人才。探索设立职称晋升绿色通道，助力优秀青年人才快速成长。倡导高校、科研院所、企业进一步优化学术环境，支持农业青年科技人才敢于打破定式思维和守成束缚，提出新观点、创立新学说、开辟新途径。

（二）加大农业科技投入力度，支持农业青年科技人才开展创新

要适应现代农业产业发展需求，不断增加农业农村科技投入总量，优化投入结构，创新投入方式，切实推动我国农业农村科技跨越发展，鼓励和支持青年科技人才积极参与各类农业科技创新活动。

增加农业农村科技投入总量。落实农业农村优先发展要求，持续加大财政投入强度，推动农业研发投入稳定增长，完善国家农业科技计划项目体系，力

争使农业领域的财政科技投入增长幅度高于财政科技投入的增长幅度，推动农业农村科技研发投入占农业总产值比重达到1%以上。

优化农业农村科技投入结构。加大对种子和耕地"两个要害"、农机装备"一个支撑"等重点领域，生态绿色、高值安全、资源节约型等技术研发领域，以及基础性长期性科技工作和科技基础条件、共享平台的支持力度。强化稳定支持，提高公益性农业科研院所和基层农技推广机构的经费保障水平，力争稳定性农业农村科技投入比例达到50%以上。加大对中西部地区的农业研发投入。

创新农业科技投入方式。创新农业科技和金融结合机制，大力支持引导社会资本参与，鼓励以市场化方式成立农业科创基金，推动形成多元、稳定、高效的农业农村科技投入机制。如由财政经费、风险投资和社会资本等共同建立"农业农村科技产业创新基金"，支撑和推动农业科技产业化。同时，建立健全财税支持企业开展农业科技创新的长效机制，鼓励和引导企业加大自有资金投资研发力度。完善金融支持农业企业科技创新体系，加强企业知识产权保护，鼓励企业利用知识产权进行质押融资，提升企业开展农业科技创新风险防控能力。

（三）加强科研条件能力建设，提供青年科技人才创新平台

农业科技的革命性突破，越来越依赖于重大工程设施、先进实验手段和基础数据分析处理的能力。亟须坚持世界眼光、国际标准和高点定位，完善农业科技创新平台布局，建设一批重大科学平台、种质库、实验站和数据中心等，夯实科技创新基础，为农业科技创新和科学决策提供条件能力支撑。

布局建设一批重大科学平台，提升农业科技基础条件保障能力。打造农业科技骨干创新堡垒。抓住国家实验室谋划、国家重点实验室体系重组的机遇，推进组建种业领域国家实验室，聚焦生物育种、耕地保育、生物安全、智慧农业、绿色低碳等领域，争取建设一批国家重点实验室。改造改组优化提升农业农村部重点实验室体系，遴选一批45周岁以下的部重点实验室主任，构建长期稳定的创新支持平台。

布局建设一批国家种质库，为生物种业领域基础研究和核心技术攻关提供坚实的种质保障。围绕农作物、畜禽、水产、农业微生物等种质资源的收集、

保存、评价和共享，建设一批国家种质资源库、保种场等综合性资源库。依托我国丰富多彩、品类繁多的原产地或原生境，建设一批分区域、分物种的专业性种质资源场（区、库、圃），保护生物资源的多样性。

布局建设一批国家农业科学实验站和数据中心，提升观测数据的使用效率和科学价值。围绕农业生产水、土、气、物候、投入品、生物灾害等数据信息动态监测，加快构建监测网络，布局一批国家农业科学观测实验站，持续开展动植物资源、土壤肥料、病虫害、农业环境等动态观测监测。布局建设国家农业科学数据中心、分中心，完善数据规范标准，制定完善各类数据监测方法标准、数据处理储存共享标准等，推进数据汇交和挖掘。

（四）培育农业科技领军企业，支持青年科技人才到企为企开展创新与服务

推动有效市场和有为政府更好结合，充分发挥市场在资源配置中的决定性作用，形成推进科技创新的强大合力，都迫切需要增强企业创新动力，提升企业创新主体地位。

培育壮大涉农科技领军企业。构建以企业为核心、产学研紧密结合的协同创新格局，推动企业按照"优势互补、资源共享、风险共担、互利共赢"的原则，发挥出题者作用，整合集聚优势资源，组建创新联合体，培育一批创新能力强、带动能力强、竞争能力强的涉农科技领军企业。支持社会化农业科技服务力量承担可量化、易监管的农技服务，加快政策扶持、项目带动、示范引领等协同推动，培育一批专业化、社会化农业科技服务公司。

支持涉农科技领军企业聚焦国家战略需求、承担重大科技任务。支持领军企业在农业生物育种、关键核心技术攻关等重大项目中"揭榜挂帅"，以共同利益为纽带、市场机制为保障，联合高校院所及其他创新主体组建体系化、任务型的创新联合体，开展产业共性关键技术研发、科技成果转化及产业化、科技资源共享服务等，提升产业基础能力和产业链现代化水平。支持种业龙头企业做大做强，建立健全商业化育种体系，强化重点种源关键核心技术和农业生物育种技术研发能力。打造集设计、研发、生产、服务于一体的农业投入品产业链，培育形成上中下游紧密衔接的现代农业产业集群。

健全有利于青年科技人才向企业流动的政策机制。建立高校科研院所培养

企业科技人才激励机制，健全有利于青年科技人才向企业流动的政策环境，鼓励科研院校青年科技人才采取兼职兼薪、技术入股等方式"到企业""为企业"开展科技攻关和指导服务。鼓励博士毕业生到企业开展科研工作，支持青年科技人才到企业兼职、挂职。

（五）深化农业科技体制机制改革，激发青年科技人才创新活力

体制顺、机制活，则人才聚、事业兴，深化体制机制改革是实现农业科技高质量发展的战略之举。要以激发农业青年科技人才积极性创造性为核心，向用人主体"授权"，赋予农业科研院所更多权限，探索灵活多样的薪酬机制，推动成果"放活"，为人才评价"松绑"，树立更加注重质量、贡献和绩效的评价指挥棒和风向标，全面激发创新创业活力。

激发青年科技人才创新创业活力。 健全完善以创新价值、能力、贡献为导向的人才分类评价机制和充分体现知识、技术等创新要素价值的收益分配制度，落实农业青年科技人才支持激励政策，积极为人才松绑减负，营造潜心科研的创新环境。加大对基础研究与应用基础研究人员的稳定支持力度，建立自由探索和颠覆性技术创新活动免责机制。加大对应用技术研发人员的激励力度，强化技术开发和成果评价的市场导向，确保科技人员转化收益分配比例不低于50%。针对性、定向性选派或鼓励科技人员离岗创业和到企业兼职兼薪。加大对从事基础性长期性科技工作人员的保障力度，科学设置评价指标，在职称评审、评奖评优中预留一定比例指标，适当提高经费补助标准，保障合理薪酬待遇。建立转移转化与推广服务人员常态化培训体系，在职称评审、评先评优、绩效激励等方面予以倾斜。

深化农业科研机构改革。 建立健全现代科研院所制度，推动科研院所形成"职责明确、评价科学、开放有序、管理规范"的新机制，扩大院所自主权，推动实施理事会和章程管理，不断完善法人治理结构和内部治理体系。推进农业科研机构绩效评价改革，稳步扩大中央级农业科研机构绩效评价改革试点成果，强化农业科研机构公益性定位与核心使命，突出创新导向、结果导向、实绩导向和产业贡献，加强绩效评价结果运用，逐步建立以绩效为导向的支持政策。深化农业科技成果产权制度改革，健全以增加知识价值为导向的激励机制，鼓励拓展技术股与现金股相结合的激励模式，推动建立赋权清单、赋权原

则、分配比例，赋予科研人员成果所有权或长期使用权，充分调动科技创新积极性。

创新科研组织方式。建立符合农业科研规律、体现农业产业发展导向、推动农业科技进步和产业变革的产业科技管理新机制新模式，探索实施"揭榜挂帅""赛马制""业主制"等科技组织模式，在重大重点农业科技项目立项、评审及基地、人才建设中，发挥产业部门、生产者、消费者的主导作用，充分体现产业发展实际需求，推动"研学产"向"产学研"转变。

| 第五讲 |

打通农业科技成果应用
"最后一公里"

主讲人：赵玉林

研究员，现任中国农业科学院成果转化局局长。长期在农业科研单位从事人事管理、科研管理和成果转化工作，主持、参加部级或院级重大调研项目多项，起草调研报告、发表论文等合计58篇（项），分别以第二主编和副主编出版著作2部，先后获得北京市、中国农业科学院奖励9项。

科学技术是第一生产力，创新是引领发展的第一动力。加快推进农业科技成果转化，是实施创新驱动发展战略的重要任务，是全面推进乡村振兴、加快农业农村现代化的必然要求。

一、农业科技成果转化的概念

"科技成果转化"一词在 2015 年修订的《中华人民共和国促进科技成果转化法》中有明确定义，是指为提高生产力水平而对科技成果所进行的后续试验、开发、应用、推广直至形成新技术、新工艺、新材料、新产品，发展新产业等活动。

科技成果转化是中国政策语境下的概念，是指科学技术应用于产业发展，包括技术转移和技术推广。技术转移是国外政策和研究学者普遍使用的概念，是指知识产权的转移，通常以专利申请数、专利授权数、转让件数和许可次数，以及相关金额和孵化成立的企业数量进行衡量。技术推广是指通过试验、示范、培训、指导以及咨询服务等，把农业技术普及应用于农业产前、产中、产后全过程的活动。

农业科技成果转化是农业技术成果从科研领域经过直接或间接环节转移到成果的需求者手中，并应用于农业生产，获得经济、社会和生态效益的全过程。我国现行的农业科技研发时间一般为 5 年以上，并需要开展不同环境下的抗逆性实验、技术集成、示范推广等，具有成果产生周期长、受区域自然条件影响大、科技成果成熟度较低等特点。

二、促进农业科技成果转化的意义

（一）创新驱动发展的重要任务

创新是引领发展的第一动力。当前，我国经济进入新发展阶段，已由高速增长转向高质量发展，处于转变发展方式、优化经济结构、转换增长动力的攻关期，必须依托科技创新，推动经济发展质量变革、效率变革、动力变革。根据熊彼特创新理论，科技成果在生产体系中的转化运用是创新过程最终完成的标志。创新驱动发展的必然路径是进一步促进科技与经济紧密结合，将科技创新成果转化为推动经济社会发展的现实动力。中央全面深化改革领导小组第三十七次会议强调，"要加快推动重大科技成果转化应用，更好发挥技术转移对提升科技创新能力、促进经济社会发展的重要作用。"建设创新型国家、实施创新驱动发展战略，必须要加强科技成果转化。

（二）保障国家粮食安全和推动乡村全面振兴的必然要求

民以食为天，国以粮为安。我国农业长期处于价值链的底端，规模小、产业链条短、质量效益偏低、竞争力不强，每年进口数百亿美元的粮食、肉类。习近平总书记指出，"粮食安全乃国之大者，越是面对风险挑战，越要稳住农业，越要确保粮食和重要副食品安全，中国人的饭碗任何时候都要牢牢端在自己手上。"乡村振兴战略是决胜全面建成小康社会、全面建设社会主义现代化强国的一项重大战略部署，是新时代做好"三农"工作的总抓手。农业出路在现代化，农业现代化关键在科技进步。实现国家粮食安全，推动乡村全面振兴，需要加速以农业农村产业需求为导向的原始创新，加快关键实用技术的中试熟化和转化，解决成果应用"最后一公里"问题。

三、我国科技成果转化政策的趋势和特点

为强化创新驱动发展战略，推动科技成果转化，从中央到地方，各级政府密集出台了系列激励和支持政策，以前所未有的力度推动科技成果转化。当前科技成果转化政策具有以下特点。

（一）政策体系系统化

2015 年修订颁发了《中华人民共和国促进科技成果转化法》，随后颁布了《实施〈中华人民共和国促进科技成果转化法〉若干规定》《促进科技成果转移转化行动方案》，形成科技成果转化的政策"三部曲"。截至 2021 年底，国家及各省市颁布促进科技成果转化政策 400 余件，其中国家政策 180 余件，涵盖

所有权归属、成果权益比例、税收减免、国资管理、报批程序简化、考核考评和科技体制改革等各方面内容，明确科技成果使用、处置和收益权"三权下放"，提高科技成果转化的法定奖励比例，现金收入分配不低于 50%；设立促进科技成果转化引导基金、实施技术创新引导专项、推进金融对科技成果转化的支持；强化技术转移示范机构建设、知识产权服务业和科技中介机构发展，构建有利于科技成果转化的科研评价体系等，完成了从"重点突破"向"体系施策"转变。与世界其他国家相比，我国目前的政策更优惠、更灵活、更宽松，给予科技人员更大的政策激励，当前是科技成果转化的重要窗口期，也是激励创新的最好时期。

（二）注重发挥市场调节作用

市场规律，诸如供求规律、竞争规律、价值规律、货币流通规律等，在商品经济中发挥着重要作用。《中共中央　国务院关于深化体制机制改革加快实施创新驱动发展战略的若干意见》指出，实施创新驱动发展战略要把握好技术创新的市场规律，让市场成为优化配置创新资源的主要手段。促进科技成果转化应当尊重市场规律。《中华人民共和国促进科技成果转化法》规定的几种科技成果转化方式，重点强调许可、转让、作价入股、自行投产实施等，属于以知识产权为主要载体、以市场需求为牵引的市场化转化，体现了尊重市场规律、发挥市场调节作用的高效率发展路径。

（三）强调全面加强知识产权保护

知识产权制度是各国保护科技创新的一项基础性制度，在鼓励发明创造、保护创新创造成果、促进科技成果应用、推动科技进步和经济社会高质量发展等方面起到不可替代的作用。随着新一轮科技革命和产业变革突飞猛进，全球产业链供应链创新链面临重塑，不稳定性、不确定性明显增加，知识产权已经成为国家发展战略性资源和国际竞争力核心要素。2020 年 11 月底，习近平总书记在中央政治局第二十五次集体学习时发表了《全面加强知识产权保护工作激发创新活力推动构建新发展格局》重要讲话，指出"知识产权保护工作关系国家治理体系和治理能力现代化，关系高质量发展，关系人民生活幸福，关系国家对外开放大局，关系国家安全"，深刻阐释了知识产权保护工作的时代内涵；强调"保护知识产权就是保护创新"，深刻揭示了知识产权与科技创新之间相互促进、融合共生的紧密关系。加强科技创新和成果转化，必然需要知识产权制度保驾护航。

（四）突出企业的作用和地位

企业是技术创新的主体，是社会财富的主要创造者，也是科技成果转化运用的关键。强化农业科技创新，既需要科研机构提高基础性、公益性、原创性、引领性科技研发能力，也需要企业发挥资金投入、市场经营和资源整合等方面的作用。习近平总书记在党的二十大报告中明确指出，要"加强企业主导的产学研深度融合，强化目标导向，提高科技成果转化和产业化水平"。加强科技成果转化，一方面，要推进产学研用一体化，支持龙头企业整合科研院所、高等院校力量，建立创新联合体，鼓励科研院所和科研人员进入企业，完善创新投入机制和科技金融政策；另一方面，要鼓励高等院校、科研院所开放科技资源，结合产业发展实际需求，构建产业技术创新战略联盟，探索长效稳定的产学研结合机制，开展共性关键技术研究，提高服务中小企业和民营企业的水平。

（五）聚焦资金保障机制

促进科技成果转化，需要资金投入。资金投入多元化是农业科技成果转化的关键。当前，我国农业科技投入整体不足且分配不均衡，2019年全国研发投入R&D平均为2.13%，农业仅0.71%。与此同时，科研经费来自政府的比例过大，国家投入的科研经费占农业研发经费的80%以上，而在美国等发达国家，则在50%～60%。我国大部分科研经费被投在科技创新的前端，中试和成果转化经费严重缺乏。《中华人民共和国促进科技成果转化法》明确要求科技成果转化的经费来源多元化，包括财政经费主要用于科技成果转化的引导资金、贷款贴息、补助资金和风险投资；转化税收优惠；银行业金融机构开展知识产权质押贷款等贷款业务，政策性金融机构提供金融支持；保险机构开发适合保险品种；多层次资本市场支持企业通过股权交易等直接融资；创业投资机构投资科技成果转化项目；国家设立创业投资引导基金和科技成果转化基金或者风险基金等。

四、农业科技成果转化的特征

（一）农业科技成果的类型

农业科技成果是指在农业各个领域内，通过调查、研究、试验、推广应用，所提出的能够推动农业科学技术进步，具有明显的社会经济效益并通过鉴定或被市场机制所证明的物质、方法或方案。按物品属性，农业科技成果可分为三类，即公益性、商业性和准公益性。

一是具有公共物品属性的公益性农业科技成果。此类成果具有非竞争性和非排他性，用户可"搭便车"使用，主要是以知识形态存在的农业科学技术、区域性病虫害综合防治技术、耕作和栽培技术等，如"日晒高温覆膜法"防治韭蛆新技术，科学道理探索难度大，但技术简单易学。此类科技成果一般由政府公益性推广体系提供。

二是具有私人物品属性的商业性农业科技成果。此类成果具有一般商品的性质，主要是物化形式或借助特殊载体而存在的科技成果，如良种、化肥、农药、农业机械、地膜等，以及各类得到知识产权保护的科技成果。农业知识产权包括专利权、植物新品种权、技术秘密等，几乎涵盖所有的知识产权形式。从知识产权密集型产业的角度考虑，有7类13个国民经济行业属于涉农专利密集型产业，包括复混肥料制造、化学农药制造、生物化学农药及微生物农药制造、兽用药品制造、基因工程药物和疫苗制造等。另外，种业也属于知识产权（植物新品种权）密集型产业。此类科技成果主要由政府推广部门之外的科教机构、企业和新型经营主体等进行市场化推广。

三是具有准公共物品属性的准公益性科技成果。此类科技成果是指在一定条件下，通过特定的制度安排，其供给可以做到只局限在某个经济组织或经济联合体内部，从而使科技成果具备了"俱乐部产品"的准公共物品属性。例如，针对某个团体或某些地域进行技术许可的科技成果，包括投入品、技术指导、技术培训和生产经营管理咨询在内的多种技术支持。此类科技成果需要通过设计特定的机制进行转化，采用市场化手段在明确的群体范围或地域内推广应用。

（二）农业科技成果转化与工业科技成果转化的差别

农业领域的三类科技成果，与工业科技成果的差别并不一致。具有私人物品属性的可市场化的农业科技成果中，除品种，其他物化形式或借助特殊载体而存在的科技成果，如果可以工业化生产，则类似或等同于工业科技成果。对于动植物种业和具有公共物品属性的公益性农业科技成果，则与工业科技成果相差较大，主要有以下差别：

一是产生周期长、更新迭代慢。受农业生产季节性和生物体生长周期影响，科技成果的产生过程相对漫长，包含了多个顺序阶段。农作物新品种选育一般需 8～10 代，内地一年只能完成一代，育种周期为 8～10 年，即使通过南繁加代，品种选育周期也需 4～5 年。牛、羊等畜类生长周期更长，畜类品种选育速度更慢。转基因育种技术和生物技术辅助育种的本质是提高效率和针对性，但目前尚不能广泛应用于生产实际。而工业成果的产生速度随着技术的发展，一直在加快，例如甲醇制烯烃用时 30 年完成小试、中试到产业化的过程；而合成气制烯烃，用时 3 年即完成中试。电讯、通信等行业技术更新迭代速度更快。

二是地域性明显。我国国土面积位居世界前列，跨越三个温度带，农业生产种类繁多，各区域的气候、地形、土壤等自然条件差别很大，针对生物体的科技成果具有明显的地域性，如南橘北枳就是品种地域适应性的典型例子。工业科技成果的普适性更强，一旦成型，则可复制，成果推广的成本相对较低。

三是知识产权难保护。果树新品种和水稻、小麦、玉米等的常规品种，易扦插或可留种，知识产权难以保护。《中华人民共和国农业技术推广法》规定，向农业劳动者和农业生产经营组织推广的农业技术，必须在推广地区经过试验证明具有先进性、适用性和安全性。在科技成果推广试验过程中，技术秘密已被其他人员所知晓或披露，难以保护。工业科研成果具有物理隔绝的天然屏障，如厂房和机器，外人无法接触，知识产权较易保护。

四是市场化转化比例偏低。因公益性、长周期及地域性等特性，农业科技成果转化的市场化程度偏低，难以形成垄断和规模效应。科技金融是科学技术资本化的过程，但其本质是金融资本获得高附加回报。对于公共物品属性的农业科技成果，市场化的金融资本因无法获利而难以给予支持。对于私人物品属性的农业科技成果，存在创新周期和时滞较长以及商业化基金存续期普遍较短（6~8 年）的特点，相互之间不匹配，造成农业科技成果转化无法获得资本青睐，难以获得金融支持。

（三）农业科技成果使用者的类型与特点

农业科技成果的最终使用者是农业产业从业主体，主要包括不同规模的农户和农业经营主体。根据第三次农业普查数据（2016 年底），现在全国有 2.3 亿户农户，户均经营规模 7.8 亩，经营耕地 10 亩以下的农户有 2.1 亿户。小农户数量占农业经营主体 98% 以上，小农户从业人员占农业从业人员 90%，小农户经营耕地面积占总耕地面积的 70%。小农户的生产规模小，看重投入少、见效快的科技成果，导致科研成果所带来的微观经济效益相对较低，应用科技成果的积极性不高，对农业科技成果的有效需求不足，尤其影响综合性强、系列配套、区域连片的成果应用。同时，推广技术整体效益过分分散，既加大了推广转化成本，也使科技成果供给者无法从中获益。

我国新型农业经营主体有 300 多万家，生产规模相对较大，其中农业产业化组织数量达 41.7 万个。新型农业经营主体具有一定盈利能力，掌握了一定的常规技术，对新技术快速应用需求旺盛，急需综合性技术解决方案和个性化、定制化技术，愿意直接参与创新、技术转移节点前置，通过市场购买技术，且更注重科技成果专有性、垄断性和技术排他性。

五、农业科技成果转化与技术推广模式

（一）农业科技成果转化路径

农业科技成果转化路径主要有两类，一类是公益性转化，即通常所说的公益性技术推广。根据《中华人民共和国农业技术推广法》，公益性技术推广是指通过试验、示范、培训、指导以及咨询服务等，把农业技术普及应用于农业产前、产中、产后全过程的活动；其路径为政府下属的农业技术推广部门、农业科教机构以公益性的方式将科学技术直接传递给农业生产主体。

另一类是市场化转化，即按照技术转移的理念，通过企业的加入和投入，

将科技成果转化为商品或服务，以营利性方式传递到生产主体。企业是市场化转化的关键环节。

农业科技成果既有公益性强、需政府及相关部门主导的类型，也有商业性强、企业为主体的转化类型，需要按照不同类型的受众和不同性质的科技成果，采用更高效的多元主体和多种机制相结合的综合性转化体系。

（二）农业科教机构推行多元化成果转化模式

近年，为积极响应国家号召、弥补人员经费财政拨款不足，农业科教机构大力开展科技成果转化，在不断提升公益性推广的基础上，加强了市场化科技成果转化，探索出诸多典型做法与成功模式。

一是科教机构自建体系直接转化成果的模式。比如，西北农林科技大学通过建立 45 处农村科技示范基地、37 个农业科技专家大院和 14 个杨凌农业科技示范园，组织 300 多名学校专兼职科技推广人员常驻农业生产一线，构建形成了以杨凌为中心、立足陕西、面向西北、服务全国的科技示范推广服务网络。

二是组建专业化平台体系转移转化成果的模式。中国农业科学院组建的全国农业科技成果转移服务中心、上海和江苏共同组建的长三角农业科技成果交易服务平台，集展示、推广、交易和科技金融及知识产权服务等功能于一体，为成果交易提供一站式服务。

三是政企研联办新型研发机构转移转化成果的模式。比如，江苏省农业科学院先后与企业联办了蜻蜓农服产业研究院等新型研发转化平台，以企业需求确定研发任务，打造"即研即推、边创边推"的新型研发转化平台，最大限度加速了科技成果转化应用。

（三）技术推广机构通过机制创新推动公益性推广

队伍规模大。初步统计，农技推广体系有 51.2 万农技人员，省、市、县、乡四个层级分别有 0.9 万人、3.2 万人、18.8 万人、28.3 万人，种植业、畜牧兽医、渔业、农机四个行业分别有 25.1 万人、17.6 万人、2.7 万人、5.7 万人。服务对象多。农技推广体系的服务对象既有分散经营的 2.3 亿小农户，也有生产规模相对较大的 300 多万家新型农业经营主体。服务范围广。农技推广体系覆盖全国 31 个省区、2 400 多个县区、3.2 万个乡镇，年累计示范推广主推技术 2.3 万个，开展指导服务 4 160 万次。**服务方式新**。除实地指导服务，在线解答问题、指导培训、远程诊断等日益普及。农业农村部建设的中国农技推广信息服务平台提供 24 小时全天候农技服务，37 万农技人员线上指导服务。**服务效果好**。农技推广体系服务对象满意度超过 90%，全国农业主推技术到位率超过 95%，农业科技进步贡献率达到 61%。2018 年基层农技推广体系改革创新，重点"建机制、提能力"，通过强化引导激励，全面推进"一主多元"推广体系建设。促进公益性推广机构与经营性服务组织融合发展，充分调动基层农技人员开展服务、社会力量参与推广、农民接受先进技术的积极性。

（四）企业开展经营性技术推广并兼顾公益性推广

《中华人民共和国促进科技成果转化法》（2015 年修订）将科研院所、高等院校、专业合作社、涉农企业等确定为农技推广体系的重要组成部分，其中涉农企业是经营性农业技术推广主体的重要载体。例如，中化集团下属的中化农业以现代农业技术服务平台（MAP）战略为核心，着力打造线下线上相结合的现代农业服务平台。在线下布局全国主要农产品核心优势产区，打造MAP 技术服务中心和示范农场，实现"做给农民看，带着农民干"。金正大集团主要从事复合肥、缓控释肥、水溶肥及其他新型肥料的研发、生产、推广，为实现公司由产品制造商向种植业解决方案提供商的战略转型，开展了大规模以技术培训为主要内容的农化服务，从单纯的肥料到植物营养、植物保护、作物栽培管理、种植安全乃至农业金融、农产品加工销售等一揽子技术培训，满足农民、经销商的综合需求。山东思远农业开发有限公司面向设施农业和露地经济作物打造全程标准化农技服务模式，构建了"7F 精细化管理"技术标准，通过标准化的设施、土壤、种苗、栽培、环境、肥水、植保管理 7 个关键环节，促进农业生产的安全、绿色、生态，开展农技推广服务工作。

六、农业科技成果转化能力的构成

为做好科技成果转化，农业青年科技人才作为农业科技成果转化的主力军，应具备以下能力。

（一）基本能力

了解掌握国家宏观发展战略和相关政策的能力。农业青年科技人才应从国家前途和民族命运的高度，充分认识国家保障粮食安全与重要农产品有效供给、巩固脱贫攻坚成果与乡村振兴有效衔接的重要性，深入理解创新与科技成果转化之间的关系，不断提高对科技成果转化工作重要性和紧迫性的认识，及时学习并掌握国家宏观战略部署和相关政策，不断实践并积累科技成果转化能力。

专业业务能力。农业青年科技人才的专业业务能力是科技成果转化的根基。只有在专业领域的研究造诣达到一定深度，对相关领域科技知识融会贯通、深刻理解，才能够针对不同生产主体需求开展技术推广和成果转化，使不同群体更容易接受和理解技术成果的内容。

表达沟通能力。农业科技成果转化本质是技术成果的推广和营销。农业青年科技人才需要就本职工作和相关专业与企业管理人员、农民等不同类型的人群打交道，需要具有一定表达沟通、逻辑思维、语言文字能力，以及自信心和幽默感等，以帮助他人理解技术和成果，促进推动农业科技成果转化。

（二）公益性转化能力

规划咨询能力。农业青年科技人才需要掌握国家农业农村现代化建设和乡村振兴战略、农业领域相关规划及政策法规；了解地方政府和产业需求、特色资源、科研院所实力布局及农业产业发展趋势等，为地方政府和企业做好规划咨询，强化成果转化成效，推动农业农村经济发展和乡村振兴战略实施。

宣传推广能力。农业青年科技人才需要了解国家农业技术推广体系的运作方式，与农技推广人员交流沟通、协同工作，借助国家农业技术推广体系，把公益性科技成果带到千家万户。

田间课堂能力。田间课堂是农业青年科技人才在田间地头直接推广科学技术和科技成果的特色转化平台。通过田间课堂，农业青年科技人才深入一线，面对面传授科学知识和培训相关技能。农业青年科技人才应掌握全产业链的相关知识，组织本单位或全国优势专家团队现场教学指导，通过宣传科普、讲解培训，以点带面推进农业科技成果转化。

（三）市场化转化能力

把握市场动态的能力。市场是检验科技成果的试金石，把握市场动态和引导市场发展，需要农业青年科技人才不断学习、掌握并积累市场信息。通过深入企业和田间地头，加强调查研究，了解市场的痛点和急需解决的瓶颈问题，开展有针对性的研发，加大有效科技成果供给。

知识产权保护能力。农业青年科技人才需要掌握基本农业知识产权法律法规和工作技能，包括专利权《专利合作条约》（PCT）和植物新品种权相关制度体系等，了解机构内披露和审核流程，学习自由实施、专利检索及技术空白点探查，能够为团队服务，提高知识产权质量、开展专利布局，提高知识产权管理水平，促进转化运用。

知识产权营销能力。农业青年科技人才需要掌握农业科技成果和知识产权营销技巧，结合专业、市场需求，掌握与企业谈判的能力；起草、签署许可、转让和作价入股等相关协议的技巧；了解协议模板条款，防止协议漏洞，避免市场和法律风险。

创业能力。科研人员创业是科技成果转化的最高、最难的形式，是国家鼓励的科技成果转化方向。无论是自主创业，还是与他人共同创业，都将面临更多挑战，也需要具备更多能力。农业青年科技人才启动创业项目应具备的一些基本条件，包括：渴望开发新技术、提供新服务，能够建立新的组织机构，意志力坚定，具有承担风险的意识和自我实现的渴望，控制力强，懂得财务及人力资源管理等。

七、提升农业科技成果转化能力的途径

（一）学习借鉴

农业青年科技人才可通过了解农业科技成果转化的路径并学习借鉴其他人的经验，掌握一定的政策、信息和能力。一方面，借鉴国外经验。可参考《农业与健康领域创新的知识产权管理：最佳实践手册》，该手册是 200 余位国际

有识之士专门为提高农业和健康领域知识产权管理水平集体撰写的综合性、系统性的工具书，既涵盖知识产权各种保护形式，又覆盖创造运用保护管理服务全过程，具有借鉴价值。另一方面，借鉴国内经验。学习参考本单位、本行业其他人员的经验和做法，目前做得较好的有中国农业科学院、江苏省农业科学院、浙江省农业科学院、广东省农业科学院等。

（二）实践总结

农业科技成果转化具有实践性、操作性很强的特点，"纸上得来终觉浅，绝知此事要躬行"，必须结合本职工作、行业特征，不断加强与企业和生产主体的沟通、联系和了解，强化创新、实践与总结。根据技术和成果的特点，针对不同转化受众的要求，采取有效的转化模式。只有不断实践并总结，才能做好科技成果转化工作。

（三）借船出海

农业青年科技人才可以通过了解相关农业科技成果转化平台和中心推广科技成果。国内知名的有农业农村部科技发展中心、全国农业科技成果转移服务中心、广东省农业科学院科技成果转化服务平台暨广东金颖农业科技孵化有限公司等单位。国外有北美大学技术经理人协会（AUTM）、德国史太白技术转移公司、英国 PBL 公司（Plant Bioscience Limited，PBL）等。其中，PBL 公司由约翰·英纳斯中心（John Innes Centre，JIC）、剑桥桑斯博里实验室（Sainsbury Laboratory at Cambridge）和英国生物技术和生物科学研究理事会（BBSRC）发起成立，致力全球公共研究机构生命科学创新成果的专业技术转让。

（四）融合发展

农业青年科技人才需要加强与企业的合作，提前、直接与技术受让方共同谋划转化科技成果。一是把脉企业需求。以主责主业为基础，统筹产业创新资源，将企业生产需求和技术瓶颈作为科研任务选题，与企业共同研究、梳理、解决实际生产问题。二是精准突破攻关。创新理论、创新技术，创造新品种、新材料、新产品，精准解决企业问题。以创新型思维支撑企业转型升级、做大做强。三是定期沟通交流。以解决企业实际问题、增加企业收益为目标，与企业建立定期沟通交流机制，定期反馈科研进展和成果应用成效，共同制定研发目标和工作计划。四是持续更新迭代。具体项目专家及团队明确责任和任务，建立长期负责制和长效合作机制，强化战略咨询、技术指导、联合攻关等，接续推进技术与产品的升级换代。

学术论文撰写规范与技巧

主讲人：孙福宝

　　中国科学院新疆生态与地理研究所副所长，研究员（二级），博士生导师，长期从事陆地表层水热平衡格局及全球变化灾害风险研究。国家杰出青年科学基金获得者，欧洲地球科学学会杰出青年科学家奖获得者，入选中国科学院海外杰出人才计划（终期评估优秀），国家高层次人才计划。曾任职于东京大学和澳大利亚国立大学。兼任国际地质灾害与减灾学会滨海与河岸环境灾害专业委员会主席，第十届中德前沿科学研讨会主席，中国自然资源学会理事、中国冰冻圈科学学会理事，全国第一次自然灾害综合风险普查新疆技术专家组组长，中国工业与应用数学学会气候与环境数学专业委员会副主任，*Environmental Research Letters* 常务编委、*Earth System Dynamics* 编委、《干旱区地理》副主编、《干旱气象》编委等。在《美国国家科学院院刊》等国际期刊发表论文 80 余篇，在欧洲地球科学学会、中国生态学大会等国内外重要会议做特邀报告 10 余次。

学术论文一般指对特定科学领域的学术问题进行系统研究后表述为科学研究成果的学术性文章，按学科可分为自然科学论文和社会科学论文。学术论文的撰写规范，在国内外学术期刊以及有关国家标准有较为明确的指导和规定。早在 1988 年，我国实施了最早的国家标准《科学技术报告、学位论文和学术论文的编写格式》（GB/T 7713—87）用于指导撰写规范。科技报告的编写规则继而被新国家标准（GB/T 7713.3—2014）所替代，学位论文的编写规则被国家标准（GB/T 7713.1—2006）所替代，而学术论文的编写规则由国内外期刊进行了严格的规范。当然学术规范并不仅限于格式方面，针对近年屡见不鲜的学术论文作者、审稿专家、编辑者涉及的各类学术不端行为，国家颁布实施了关于《学术出版规范——期刊学术不端行为界定》（CY/T174—2019）的标准，用于甄别判断学术论文出版过程中的各类学术不端行为。切忌一稿多投，切忌把一篇论文写成大同小异的几篇论文，浪费评审专家和广大读者的宝贵时间。

本文将紧密结合学术论文的撰写规范，谈一谈笔者多年来的写作心得和指导研究生撰写学术论文的一些体会。

一、学术论文的特点

根据国家标准《科学技术报告、学位论文和学术论文的编写格式》（GB/T 7713—87）的有关定义，学术论文包括学术课题在实验性、理论性或预测性上具有新的科学研究成果或创新见解的科学记录，或应用已知原理取得新进展的科学总结，在学术会议或学术刊物上发表或其他书面表达；科学技术报告是用于描述科学技术研究的结果进展或技术研制试验和评价结果或论述某项科学技术问题的现状和发展的学术论文；学位论文是作者从事科学研究取得创造性结果或新见解，并以此为内容撰写用于申请授予相应学位时的学术论文，应能表明作者确已较好地掌握了本门学科的基础理论、专门知识和基本技能，并具有从事科学研究工作或担负专门技术工作的能力。广义上来讲，科学技术报告和学位论文也是学术论文的重要表达形式。

学术论文是衡量科技工作者或学者的科研能力和学术水平的重要标志，是学术成果的重要载体，一般可分为理论研究论文和应用研究论文。理论研究类型重在对各学科的基本概念和基本原理的研究，应用研究类型侧重于如何将各学科知识转化为专业技术和生产技术直接服务于社会。学术论文内容应有新发现、新发明、新创造，具有科学性、创造性、理论性、专业性等特点。

学术论文的科学性是要求作者在立论上不主观臆造，须从客观实际出发，以充分有力的论据为立论依据，进行周密的思考和严谨的论证，从而得到符合实际的结论。学术论文的创造性在于作者要有新见解，提出新观点和新理论。学术论文的创造性是科学研究的生命。学术论文的理论性在于形式上属于议论文，但须有理论系统，对大量事实和材料进行分析研究，使感性认识上升到理性认识。学术论文的专业性是区别不同类型论文的主要标志，也是论文分类的主要依据。

学术论文因其专业性，即使是写作经验丰富的学者在写作中做了科普化的处理，通常对同行专家来讲也是比较艰深难懂的。论文写作的目的自然是为了通过同行专家评审并在学术平台上发表，进而让同行专家接受你的观点和方法。例如：通过设计实验（或模型实验），证明验证你的思想；希望通过这篇论文，让学者能接受你的思想；发表一篇高水平学术论文，推动学科发展、提升理论认知、提供关键科学证据、发现新规律和机理机制。一般而言，刚入行的青年学者会更关注如何实现自己的想法，但如果想在国内外同行专家甚至在学科发展过程中产生影响，就需要更多的换位思考，同时站在学术大牛和学术新人等角度来构思自己的想法。

学术论文的读者群体也有着鲜明的特色。对于不太熟悉作者工作的读者来讲，一般只是阅读摘要部分来判断这篇论文对自己的研究是否有帮助。还有些读者会对论文所表述的论点、思路以及文献中记载的研究脉络更感兴趣，而不是技术细节，他们会进一步阅读引言、结论以及印象深刻的图表；也有些读者会比较感兴趣论文的技术细节，引言部分就需要逻辑和层次清晰，要能讲清楚论文的总体概貌和主要内容，有导航的作用。

二、学术论文的撰写

考虑到学术论文类型复杂多样，本讲所讨论的学术论文重点是经过国内外同行专家评审的在学术会议或学术期刊发表的研究论文。

（一）学术论文选题

学术论文的选题是论文的研究成果要解答的具体科学或技术问题。论文选题的科学意义和社会经济意义是学术与研究工作的头等重要的问题。好的选题才可能产生出有价值的研究成果和有价值的学术论文。选题的目的各不相同，有的尝试新思路取得突破，有的是前期工作的延伸拓展，有的开展预测预估，而有的希望精准刻画现状。

论文选题需要遵循科学性原则，包括科学上亟待解决的问题、科学上的新发现、科学上的新认知、科学上的新理论等；也要遵循可行性原则，包括有较好的前期研究基础、难易适中、易于任务分解等。论文选题可源于独立思考的探索性或原始创新性的科学问题，也可源于国内外文献调研的学科前沿性和独特性的科学问题，也可源于国家重大需求的关键技术瓶颈背后的科学问题，还可以源于学科交叉的推动研究范式发生重大变革的科学问题。

论文撰写过程中要研究的问题是动态的，会不断发生变化，随着研究的深入，可能要调整选题的方向。好的研究问题可有效指导研究工作。好的研究问题应该主题明确、重点突出，通过文献调研提出一个独特的假设，根据现有国内外研究进展形成研究问题，能够与实际需求面临的理论和技术困难相联系；好的研究问题需要具有重要意义和启示意义，能被同行专家或交叉学科研究人员广泛使用；好的研究问题需要是具体化的问题，能通过现有的数据和技术手段取得重要进展的问题。

浓厚的研究兴趣和广泛的学术交流是好的论文选题的重要开端。阅读专业学术期刊以及《自然》《科学》等科普杂志，有利于选择促进学科发展的选题，帮助具体化研究问题、优化研究方向，特别是采用大规模的文献数据库检索能更好地掌握当前的研究进展和最先进的研究水平。学术会议（包括线上或线下会议）的互动交流及在大会上展示最新成果是不可替代的、提出（完善）研究问题的来源。互动交流的形式能有效跟踪最新科研进展，进而了解可能带来填补该领域空白的研究问题和方向等知识差距，还可以在讨论中形成争议性问题，引起同行专家的共鸣和兴趣，讨论的热烈程度可能是未来论文发表后受关注的程度指标。经过与同行专家讨论，与导师或同事交流，通过反复试验，可以确定应将精力和资源集中于填补哪些研究空白，哪些问题更有趣、更有意义。

学术论文的目标是解决目前仍在寻找答案的问题，可能是领域内的共性问题，可能是早期工作中遇到过但尚未解决的问题，也可能是曾被反驳过的问题。

（二）学术思路的形成

优秀的学术思路在于能将对学术知识和未知领域的好奇心和清晰的思维结合起来。要充分考虑：一是要解决什么问题，解决问题的意义，同行专家有哪些研究进展，解决方案是什么，如何证明解决方案的优势；二是研究团队是否有足够的时间、人员和资金，开展的研究工作是否能够引起国内外同行专家、产业与行业部门或社会公众的广泛兴趣，是否通过文献调研找出知识差距，是否使用了合理合法的解决方案，能否推进科学进展或优化社会政策。

学术思路的形成需要较为宽裕的时间。哈佛大学有个有趣的心理学研究，发现"过多将注意力花在追逐稀缺资源上，从而引起认知和判断力的全面下降"。太过忙碌的学者匆匆忙忙地完成一项又一项的任务，而无法安静地坐下来思考自己的研究或梳理一下思路。恰恰是在运动休闲后，在头脑里清除"垃圾"后，想法才会涌现出来。

学术思路的形成需要领域内的大师作为学习的典范。平时反复研读该领域学科发展史上做出里程碑贡献的几篇经典论文，同时关注几名领域内的著名学者，研读他们最新发表的文章作为研究的参考，探索如何形成研究问题的角度，还可以跨越本领域，借鉴相交叉关联的其他领域，多从其他领域的成功案例中汲取经验，往往容易有利于优秀研究问题的产生。

学术思路的形成需要多维度掌握该领域的最新进展。各个期刊平台及新闻与新媒体平台几乎每天都在推送相关学术论文。比如在重点关注的领域或者期刊，有知名学者或编委会推荐的研究亮点，有自发形成的阅读量最多、下载量最高、社交媒体分享次数最多，抑或引用次数最多的论文。实时追踪最新的研究成果，以便在"竞争对手"的挑战下，随时优化自己的学术思路，获得未来关注领域的思路。

学术思路的形成需要理论与实践的结合。创新研究解决的是现实世界的问题，是否实用可行，能否满足当今社会的需求？研究问题必须具有挑战性且有趣，属于原创问题。有趣且重要是学术论文的至高境界。

（三）学术论文的撰写

学术论文在不同领域和不同学术期刊有着千差万别的写作规范和格式，但也有约定俗成的特定写作框架。学术论文的一般框架由题目、摘要、关键词、正文、引言、数据与方法、研究结果、讨论、研究结论、致谢、参考文献、附录以及附加信息等。

题目（Title）要能准确、简明地表达出论文的研究内容、研究范围和特色亮点。论文撰写的基本准则是论文题目要互相匹配，紧扣内容。论文题目要针对具体的研究对象，用词要简短精练但不含糊笼统，在词意表达清晰的前提下，字数控制在 20 字以内。论文题目要醒目，恰当地反映出论文的创新点、学术贡献和研究亮点，以期能引起同行专家和读者的阅读兴趣。论文题目需要站在读者的角度反复斟酌，避免出现冗长、文题不符、歧义等问题。

摘要（Abstract）是对论文内容的简短陈述，需要简明扼要且逻辑清晰地阐明论文研究的意义、目标、数据、方法、结论、创新和价值。摘要的撰写需按逻辑顺序来安排内容，句子之间要上下连贯，互相呼应。摘要须确保结构严谨，表达简明，语义确切，慎用长句，句型应力求简单。摘要和论文根据作者的写作习惯可采用第三人称，也可以用第一人称。摘要需使用规范化的名词术语，缩略语、略称、代号等首次出现时须加以说明，一般不用数学公式，不出现插图、表格，不引用文献。论文摘要一般而言是最难凝练的部分。

论文摘要的篇幅由学术刊物或学术会议的发表要求来确定，英文一般在 150～300 字，中文一般在 300～500 字。论文摘要的结构一般由 1～2 句来阐明本项研究的意义和重要性，可高度凝练与本项研究密切相关的有待解决的国内外最新研究进展中的前沿科学问题或国家重大需求中的关键科学技术问题。再通过 3～4 句来陈述本研究所要实现的目标、选取的研究区域、采用的数据与方法，开展研究工作的主要内容。接下来用 3～4 句来总结本研究所得到的基本结论和研究结果。最后用 2～3 句来突出论文的创新性贡献和研究亮点，说明研究成果的科学意义和社会经济效益。

关键词（Keywords）是能代表主要内容和创新性贡献的单词或短语。一般选取若干个词作为关键词，用于文献标引的工作。

正文（Main Text）是展现创造性的成果的主体部分。正文一般要求内容充实，论据充分、可靠，论证有力，层次分明、脉络清晰。可包括引言、理论、数据、方法、结果、讨论、结论等。

引言（Introduction）需阐明此项研究的背景意义和认知空白，论证开展研究工作的重要性和必要性。引言文字不可冗长、措辞须精练，层次鲜明、逻辑性强，将研究问题从多种可能的问题逐渐缩小到一个特定的相关话题。为了使论文易懂，引言应尽量使用日常语言，避免专业词汇、数学公式等抽象表达。读者不太容易同时接受过多的专业词汇的定义和内涵，尽量通过读者的直觉和常识，给出总体的概念而不是讨论具体的技术细节。

一般而言，可以先由 1～2 段文字来进行全面的文献综述，通过国内外最新研究进展阐明此项研究的背景和意义。再通过 2～3 段文字评述开展此项工作所面临的理论争议、认知空白、数据制约或者技术瓶颈。对所陈述的科学问题或技术问题的文献须全面回顾、评述恰当，客观评述其在不同阶段对解决该科学或技术问题的贡献，恰当评价以前学者的贡献和成就，不要夸大作者或所在团队的贡献。最后用 1 段文字凝练出具体的预期目标，介绍正文各部分的内容。

数据与方法（Data and Methodology）系统介绍研究的选择区域，所采用的数据、模型方法、观测方法、实验方法及分析方法等。对于理论类或数理推导类的论文，此节内容也可主要为理论推导。此节在提供数据来源及处理与技术的关键细节时，需详略得当，其主要目标是确保研究工作的可重复性和可靠性，同时充分表达出所采用数据的稀缺性、技术方法的难度及其对解决关键问题的重要作用。一般而言，如果论文工作的新颖之处在于研究区域，则应多些对研究区域的介绍；如果新颖之处在于新数据，则应多些数据及处理的关键细节；如果新颖之处在于方法，则应多交代其方法的核心技术细节，以进一步加深读者对创新点的理解。此节须在尊重原有数据和关键技术的知识产权的基础上，充分论述作者的原创性或增量性的贡献。

研究结果（Result）全面系统地论述本项研究取得的成果。研究结果可分成3~5个小节按层层递进的逻辑展开论述，段首与段尾均有主题句，实现"首尾相连"，通过严密的推理展现出一个逻辑完整而科学合理的"故事"。研究结果一般会与一系列图（Figure）和表（Table）相结合，图表清晰完整、翔实准确，图的总体格局分布要与表中所列的准确数字相结合，同时避免说明书式的"看图说话"。研究结果部分是本项工作所产生的成果，一般不宜过多引用已发表的文献，以免对研究工作的原创性和独立性造成影响。如需和已发表文献结合起来进行讨论或对比，一般可在讨论（Discussion）部分充分展开，以探求、揭示或者猜测其深刻的过程、机理和机制。

研究结论（Conclusion）或研究总结（Summary）简明扼要地总结本项研究所取得的主要成果和研究亮点。一般由2~3句文字阐明研究意义和重要性，此部分需与引言相呼应；然后用3~4句文字系统总结所采用的数据，提出或者采用的方法，开展的研究工作，得出了主要的研究结果，此部分应与数据和方法及结果部分相呼应。最后用3~4句总结出主要的创新性贡献和研究亮点，对该项研究领域或未来工作的重要意义和启示，此段宜与结果和讨论部分相呼应。研究结论是非常重要的部分，应该紧扣论文题目，与摘要的主要观点相一致。

致谢（Acknowledgement）一般用于充分表达对同行评审专家和作者之外的对论文做出贡献的专家或工作人员的谢意。同时，还需要如实标明此项工作所获得的项目资助情况、数据或方法的公开和获取方式等。

参考文献（References）部分应该充分反映出在此具体方向的研究过程中所出现的重要工作和国内外同行的最新研究进展。中文论文的参考文献一般还需要注意中英文文献选择适中。参考文献的格式须严格按照各期刊和会议的特定规则和格式。

附录（Appendix）可以将理论推导、数据信息以及实验方法、模型方法等完整过程适当展开，以便读者对如上信息有个整体图景和完整细节认知。

附加信息（Supplementary Information）可以对论文进行虽有必要但不适合在正文出现的部分信息的补充，例如为回答同行评审专家所提的问题或者建议而设计的实验或计算。

（四）学术论文的同行评审

同行专家评审是学术论文成型的必经之路。论文既要在撰写过程中反复修改，还要根据同行专家评审意见进行几轮修改。在论文撰写和修改时，要不断地反思本项研究所做出的创新性贡献和研究价值意义，不断地检查正文是否实现了目标明确、思路清晰、重点突出。

要学会站在四个角度来修改论文：一是站在作者的角度，要有自我批判的精神，反思此论文是否表达了自己观点，结论是否可靠，开展此研究工作的意义何在。二是站在学术期刊编辑的角度，思考此论文是否有新的贡献，对学科是否有推动作用，标题、摘要和结论是否吸引人，重要文献是否已引用。三是站在审稿专家的角度，检查此论文的内容是否集中，线索是否清楚，各段重点是否突出，研究结果是否有其他阐释的可能，图表是否清晰且表述内容自明，是否提供可重复该工作的所有技术细节，是否对本领域有一定的贡献，论文观点能否说服竞争者。四是站在普通读者的角度，审视此论文是否很容易理解，是否容易找到所需信息，论述是否自然，水到渠成，前后呼应。

在同行评审过程中，作者需要正式答复评审专家和期刊编辑的意见。在反复仔细阅读、准确理解评审专家的意见、评论或建议的基础上，作者须撰写答复函，提出具体的修改或解释方案。根据此方案，作者须准确描述每一步修改过程，并在原稿件中保留修改的痕迹。答复函须保留标题、作者、稿件编号等必要信息，逐条简明准确回复所有审稿专家或编辑的评论和建议，并标明修改过程和修改的位置，用颜色或字体标记为"意见"（comment）、"答复"（response）或"修改"（change）等。

答复函对稿件能否被录用具有决定性的影响。答复函须恰当得体，准确而客观地描述解决方案，使用恰当的感激词。对于否定性的意见，作者须客观辩护陈述；对于误解或困惑的意见，作者需要进行澄清；如能将否定性的意见转化成困惑或误解则是一种能力和策略。当然，如果审稿人的意见并不适用，可不做修改，但须合理解释此条意见如何超出了研究范围；也可按此修改结果放入附加信息部分（Supplementary Information）。总之，对同行评议做出严谨而积极的答复，既体现了严谨的学术，当然也体现了友好的礼仪。

论文撰写的基本原则就是要站在多个角度来构思。学术论文写作的最佳状态是简单到可被外行理解，深刻到引起同行专家的广泛兴趣。学术论文须经过与同行专家反复交流、不断打磨的过程，才得以发表。尽早撰写提纲和初稿，然后反复修订和细化，经常与本领域内的研究进行比较，在此过程中不断练习、调试并逐步提高。过于追求完美可能会导致思路阻塞，致使本来足够好的论文不能及时投稿送审。

三、小结

尽管学术论文的撰写有很多写作的技巧，还应更注意在撰写过程中严格遵循学术规范，严谨表述，虚心治学，要有对科学的敬畏感和历史荣誉感。以我刚出国做博士后时导师的嘱咐共勉："试想你的论文在学术期刊发表后，是和牛顿、爱因斯坦等世界著名科学家的论文一样，藏在各种图书馆里供大家使用。"

| 第七讲 |

"三农"社会科学研究：
科学设计、规范执行与落到纸面

主讲人：彭超

研究员，农业农村部管理干部学院乡村振兴研究中心（科研管理处）主任（处长）。曾任农业农村部农村经济研究中心固定观察点管理处副处长。曾获中美富布莱特奖学金，赴马里兰大学和美国农业部经济研究局访问学习，工作期间在中国科学院农业政策研究中心从事博士后研究。获得农业农村部软科学优秀研究成果、国家粮食和物资储备局软科学优秀成果等省部级奖励7项，国家自然科学基金优秀评价1项。主持国家自然科学基金课题等国家级研究课题3项，省部级课题6项。在中外各类核心期刊上发表论文32篇，研究报告获得党和国家领导人批示6次，起草国家级重要规划5项。兼任中国农业经济学会副秘书长、青年（工作）委员会副主任。

农业农村农民问题是关系国计民生的根本性问题，是社会科学研究中国发展最显著的变量。以国民经济中的重要地位、空间规模和人口数量论，"三农"社会科学研究在社会科学中也应当具有重中之重的地位。纽约城市大学彭玉生教授在《"洋八股"与社会科学研究》一文中，把"问题、文献、假设、测量、数据、方法、分析、结论"作为社会科学研究基本遵循的步骤。北京大学黄季焜讲过做"三农"问题相关社会科学研究的标准过程，"就是讲一个故事，到底知道什么、不知道什么，要搞清楚，不知道的东西要进行研究，或者进行否定研究，然后用什么数据证明，用什么方法，得出什么结论"。本讲试图拆解"三农"社会科学研究的设计、执行与落实。需要特别说明的是，本讲所列举的大部分案例、更为详细的说明和值得进一步阅读的文献，读者可以进一步阅读《"三农"社会科学问题研究设计与执行》一文[①]。

一、科学设计

农业农村领域的社会科学研究，是在中国"三农"发展实践基础上凝练具有一定普适意义的科学问题加以研究，增添经济、政治、文化、历史、社会、法律等大学科在农业农村场景下的应用。

(一) 提出问题

1. "立时代之潮头，通古今之变化，发思想之先声"

问题的背景尤其重要。整个叙事的背景，要有比较高的站位。习近平总书记要求哲学社会科学工作者要"立时代之潮头，通古今之变化，发思想之先声"。不论研究成果提交的对象是谁，都需要引起读者的关注和兴趣。注意一点，在阐述意义的过程中，需要加强逻辑连贯性来增强研究成果的可读性。"三农"社会科学研究离不开中国的制度场景，因此，很多制度演变或者结构

---

① 彭超，朱守银，朱信凯，2021. "三农"社会科学问题研究设计与执行 [J]. 江南大学学报：人文社会科学版（4）.

演变的回顾是必要的。

2. 什么样的问题是"好"问题?

观察到一个现象,与经济学、社会学、管理学等的传统逻辑有冲突,那么就有好问题蕴含其中。例如,落后地区就业门路少,但为什么有大量农村劳动力流入?这其中的传统理论推论是落后地区就业门路少,应该有较少的农村劳动力流入。但是我们却观察到有大量农村劳动力流入这个相反现象。

3. 问题自哪里来?

一个来源是阅读文献。例如,经典文献中说,二元经济中,农村富余劳动力向城镇和非农部门逐步转移,导致剩余逐渐减少,最终达到"刘易斯拐点"。那么,中国的"刘易斯拐点"是否已经到来?问题的另一个来源是实地调研。例如,笔者曾经与期货公司的研究员们一同赴粮食主产区调研,就以期货研究员的名义身份来倾听农民合作社理事长、家庭农场、中小农业企业主的反映。当时发现了一个非常有趣的研究问题:规模经营主体在购置农机、修造设施等固定资产的时候,倾向于使用自有资金,而购买化肥、农药等流动资产的时候,倾向于向信用社等金融部门借贷。按照传统智慧判断固定资产投资投入大,借贷的可能性大,但是为什么却倾向于用自有资金?对上述问题笔者不做回答,请读者自行思考。实际上,调研中观察,观察后读文献,读文献后再观察,是"寓研于乐"的过程,这就是"三农"社会科学研究者读"万卷书"和行"万里路"的目的。

(二)文献评述

文献综述是惯常的叫法。实际上,称"文献评述"更为合适,因为文献回顾要做到述中有评。新闻需要"综"述,而文献需要"评"述。

1. 按照自变量、因变量和求解来选择文献评述的主题并进行检索

例如,研究的题目是《农业补贴对农户生产经营行为的影响:基于农户模型的实证分析》,其中,"农业补贴"是自变量,"农户生产经营行为"是因变量,"农户模型"和"实证分析"就是求解,可以围绕上述主题分解来检索文献。

2. 文献阅读可以按照"先凤头、豹尾再猪肚"的顺序

黄宗智先生给青年学者的读书建议中提道:第一步,阅读文献的摘要、论文的引言、专著的第一章或导论；第二步，阅读论文的结论、专著的最后一章；第三步，快速阅读中间部分，专著的每一章也可以按照这样顺序阅读；第四步，一句话提炼核心观点；第五步，记录如何联结理论与经验证据。实际上，真正掌握一篇好的文献，还可以想办法再现研究的过程。

3. 文献评述应当有自己的逻辑

比较忌讳的是写成"×××（2020）认为，……"。一种形式是总结的形式，对文献进行分类。另一种方式是以娓娓道来的形式，用因果递进的方式来评述文献。最重要的是，文献批评和分析需要找出文献的缺口——以往的研究者"尚缺乏什么"，说明"我将做什么"，从而弥补这一文献缺口。

（三）理论框架

理论框架要沿袭研究范畴、研究范式与学术传统。在理论框架分析的基础上，一般会提出假说，揭示变量之间的因果关系。这一过程需要内部逻辑自洽，且理论及其推论须经得起经验证据的检验。理论框架要取得逻辑自洽，必须依靠理论分析。这对研究者的理论功底要求较高，需要培养最基本的经济学、社会学、管理学素养。

1. 要注意研究假说和研究假设的区别

两者是完全不同的两个概念。假说（hypothesis）是要验证的问题，例如诱致性制度变迁假说。假设（assumption）则是分析的前提和基础，例如经济学中理性人假设。实际上，假说推导而出的前提是假设。

2. 可通过数理经济学分析构建框架、得出假说

用数学符号、公式推导证明等方法来表述各变量之间的关系。一个比较简单的例子是柯布道格拉斯生产函数，$Q = AK^{\alpha}L^{\beta}$，两边取对数可以得到：$\log Q = \log A + \alpha \log K + \beta \log L$。这样就可以说资本和劳动力投入对产量的影响是正向的。而且，用资本和劳动力解释之后，还会剩余一部分变化，可以用技术进步等去解释。

3. 通过经济学图形分析构建框架、得出假说

例如，在经典的农户模型分析中，一个简单图形分析就还原出了农户在农产品消费、其他产品消费和闲暇之间做选择的过程。实际上，关于农户模型的分析，更为详尽的要数中岛千寻对农户模型多维度的分析。

4. 通过逻辑演绎分析构建框架、得出假说

例如，林毅夫根据威廉姆森、诺斯、速水和拉坦的诱致性制度变迁假说，提出理论命题，主要是农村要素市场的发育与农户边际产值差异有关。然后从这个理论命题中演绎出明确的假说，农户家庭劳动力、土地、资本增加，其劳动力、土地市场供给增加，雇佣劳动力、租入土地、租用机械和畜力的需求相加。林毅夫还用豪斯曼检验验证了技术的内生性，直接把计量经济学和技术内生性关联了起来。

5. 理论框架完整的前提下，也可以不把假说讲得那么明确

一般而言，理论框架里面要把意欲验证的符号"正负"讲清楚。但是，也可以说得比较模糊。甚至，部分研究可以把两个或更多竞争性假说放在一起。例如，彭玉生研究宗族网络对企业创业及发展，根据逻辑演绎的第一个假说相对比较清晰，宗族网络有助于私营企业创业与发展。第二个假说则是建立两个竞争性的假说，假说 2a：宗族网络有助于集体企业的发展；假说 2b：宗族网络无助于集体企业的发展。最终，实证研究验证的是假说 2b，宗族网络既无助于集体企业创业，也与集体企业壮大没有显著关系。

二、规范执行

研究必须规范执行。一项研究能否成立，标准就是"两个一致"。一是理论分析内部逻辑自洽是否一致，二是理论及其推论是否与现象一致。前者在前文中有所分析，后者则需要理论与经验证据的连接。

（一）确定素材

确定素材就是确定经验证据的来源。

1. 可以是已有的统计数据

《中国统计年鉴》《农业统计年鉴》《农村住户调查年鉴》《农产品成本收益调查资料》以及国研网、中经网、国泰安、农业普查综合资料、人口普查与抽样调查资料、经济普查资料、各类价格调查材料，等等。此外，各省（区、市）也有统计年鉴，县（市、区）也有自己的统计年鉴。根据研究主题，确定统计指标的有用性。无论研究的主体部分使用何种素材，各类统计年鉴的数据总能够在交代背景、提出问题等方面发挥不可取代的作用。

2. 可以是调查数据和定性研究材料集合

统计年鉴的数据不可能覆盖研究所需的所有变量，那么研究者自行组织的调查因其灵活性，成为可以选择的一个方式。实地调查研究可以形成案例资料，也可以形成供定量分析的数据库。

3. 实地调查问卷要围绕研究的主题

在问卷设计的阶段，就要考虑实证研究的关键变量和拟采用的方法，应当把需要的自变量、因变量想好，甚至将工具变量、控制变量也设计好，围绕研究这些变量设计相应的问卷内容。问卷的问题既要符合标准的说法，又要通俗易懂。这就需要设计者对政策有深入的了解。例如，"耕地地力保护补贴""城乡居民基本养老保险"等要深入了解政策推进的过程。再如，对一些基础设施，如"安全饮用水""动力电""水冲式卫生厕所"等，要详细了解相关国家标准或者地方标准。问卷要配备指标解释手册，并对调查人员进行比较细致的培训。

4. 可以是各种合作形成的其他数据和资料来源

如果做实证研究，素材并非自己调查的来源，那么建议无论如何都应当实地做一份问卷，对问卷的结构有一个深入的理解和设计。而且，要针对自己的研究内容，进行实地结构性访谈。

5. 典型调查往往能够形成对定量分析的补充甚至导引作用

典型调查一般要形成案例分析所用的素材，这需要到实地进行比较长时间的"蹲点"访谈调研。

（二）资料采集

资料采集可能是整个"三农"社会科学研究花费时间和资金成本最大的部分。如果能够使用数据集成平台的数据，则尽量使用数据集成平台，这样可以节省很多时间。一般而言，实地调研是必不可少的环节。资料采集就是收集经验证据的过程。

1. 最大限度地占有资料

以往的实地调研，课题组一般都有专门的一位研究人员负责收齐纸质材料，调研回来要复印、装订成册，供课题组人手一册。微信等信息化手段，让现在的实地调研资料采集省去了很多麻烦。如有道云笔记、印象笔记等，都提供了电子材料收藏和共享功能。

2. 很多数据集成商提供了好的数据平台

对于有统计来源的数据，建议尽量购买数据集成平台软件，以实现数据采集的简便化，从而省去翻查年度统计年鉴的时间。但是，到县一级水平的统计数据，数据平台只集成很少的指标。如果要满足进一步的研究，可能需要找具体的统计年鉴往外"扒"。

3. 很多国际组织和外国政府部门提供了数据和资料查询系统

不同国别的数据在世界银行、国际货币基金组织、经济合作与发展组织等网站上可以比较方便地查询到。国际贸易数据可利用 UNcomtrade 按照国别、商品代码等信息查询。如果是针对某一个国家或地区具体的数据，可能需要到这一国家相关政府农业部门官方网站上进行查找。例如，研究美国农业法案，除了要到美国参议院、众议院、农业部等官方网站上查找相关政策，还要到一些农业游说团体、大学农业政策研究等网站上采集资料。

4. 问卷调查尽量减小抽样偏误

问卷调查尽量做到随机抽样，尤其是分层随机抽样。当然，非随机偏误也不必太过担忧。如果样本量大，且分布相对均匀，则可以克服非随机抽样的偏误。那么，何谓大样本？统计学界曾经有"30 个以上"的说法，所幸中国分省（区、市）数据样本量能够满足 30 个以上。实际上，当前开展一个课题研究，实地问卷调查基本上样本量都能够达到 800～1 000 个。600 个样本只要均匀分布，基本上能够降低非随机偏误。可以考虑一个问题：新冠肺炎疫情期间我们在微信群中收到了很多网上调查问卷，其抽样误差如何？实际上，这种调查发给经常用微信的人，并且让有兴趣的人填写，在样本选择上就已经是有偏误的了。

5. 问卷调查要讲究技巧和注意事项

问卷篇幅既不能太长，又要保证收集信息有效。因此，问卷的试调查就显得非常重要。特别需要提示的是，收入测算不能上来就问调查对象收入。一是被访者就算再不重视个人隐私，也会忌讳别人问收入；二是被访者自己也记不清楚自己过去一段时间的收入。主要的做法是，调查员与农户共同回忆，结合问卷计算各类细分的项目，加总得到一个金额，甚至都不必当场计算处理。

6. 案例调查可以参考决策树的思想

在一个地方调查2~3个案例之后，一般会对研究主题有一定的聚焦，当发现有值得深挖下去的"点"后，就可以进一步挖掘。可以从时间纵向上挖掘，也可以从横向差异上挖掘。例如，税费改革试验，从时间上看后期会因方案变化产生差异，横向上又会出现不同改革方案导致的"征实和征币""税与费"等利益与行为选择冲突，继续深挖则又会发现体制性的根源。

7. 每天调研结束后的调研组讨论必不可少

一是调查的感想与发现，可以就调研发现的现象进行理论解释，此时的讨论可以起到头脑风暴的作用。二是调研组交流调研的技巧和经验，交流遇到的困难，及时进行协调克服。三是如果采用问卷调查，要对问卷进行检查，有少填漏填、问不清晰的内容，要及时安排查缺补漏。

8. 大数据时代仍然不能省略进村入户调查

信息化发展给"三农"社会科学研究带来了一系列机遇和挑战。研究所依据的资料，更加具有样本量大、实时性、多元性、完备性等特征。但是"三农"社会科学研究者，要以脚踏实地的"土八股"为己任，仍需要坚持进村入户的调查。通过"下村看实际，入户话家常"，发现趋势性苗头性的问题，掌握更为纵深的信息，是必须坚持的研究方式。

（三）实证方法

实证方法是连接经济学理论与经验证据的工具，必须基于理论和经验证据的连接，才能得出结论。第一个需要明确的是，方法只是工具，现实问题、经济学理论、经验证据才是研究的本体，不能陷入"为了方法而使用方法"的怪圈。即便并不是进行严谨的学术研究，学习各种社会科学研究方法，并正确地使用它们，也将掌握认识世界的工具，从而有利于推进所从事的各种工作。第二个需要明确的是，各种经济学研究方法并没有孰优孰劣之分，不能因所谓的技术含量、逻辑层次等，而歧视任何一种研究方法。实际上，各种研究方法经常综合交叉应用，形成对彼此的补充。

1. 历史分析方法

通过对"三农"领域某一主题有关历史资料进行科学的整理和分析，详尽描述其历史沿革、发展逻辑，对农业生产、农村发展、农民经济社会行为变迁进行研究。农村改革每到一个标志性的节点，都会有一系列回顾性的文献问世。例如，根据改革40年的经验，可以发现农村制度创新、农业技术进步、农产品市场化改革和农业生产力投入是农业增长的主要驱动力。

2. 比较研究方法

在"三农"问题研究中，比较研究方法一般对不同国家或者地区的制度、绩效的相似性或相异程度进行研究与判断，经常会得出相关经验和教训的启示。例如，在研究农产品流通主体时，可以将我国的情况与发达国家的情况进行比较。在发达国家，农产品流通主体一般是农民协同合作组织，而我国依然是农产品经纪人、合作社、批发市场、龙头企业并存，这就造成我国农产品流通中农民地位较低。近年，散见于诸多文献中的国外农业农村农民问题考察报告等，也属于比较研究方法的具体应用。

3. 案例研究方法

结合"三农"社会科学研究实际，以典型案例为素材，并通过具体分析、解剖，展现特定的情景和过程，建立一种"实践感"，从而寻求解决问题的方法。在很多社会科学研究中，研究者几乎无法对研究对象进行控制，只能对具体的情景材料进行收集整理，所以案例分析在这种情况下尤为重要。案例研究不一定是针对某个个案，也有可能是对多个个案的比较研究。"三农"社会科学研究中的调查研究报告，一般是典型的案例研究方法的应用。

4. 数理经济学分析方法

依据数理经济学分析方法，对"三农"问题进行数理经济学分析，即用数学符号、公式推导证明等方法来表述农业农村农民相关各变量之间的关系。前文已有举例。

5. 描述性统计方法

统计图表是描述性统计方法的典型应用。描述性统计方法一般会与其他研究方法相结合，在使用计量模型分析之前，往往会对使用的变量进行描述性统计。最起码，应当展示变量的均值和标准差。常用的统计学指标包括均值、方差、标准差、中位数等。根据研究需要，研究者可能还会构建自己的一系列描述性统计指标。例如，CR_4是行业前四名市场份额集中度指标，勒纳指数和赫芬达尔—赫希曼指数可用以度量农产品或农资市场中垄断力量的强弱。

6. 计量经济学分析方法

习近平总书记在哲学社会科学工作座谈会上指出："对现代社会科学积累的有益知识体系，运用的模型推演、数量分析等有效手段，我们也可以用，而且应该好好用。"当前，应用计量经济学模型研究"三农"社会科学问题的文献可谓汗牛充栋。从回归分析到工具变量、倍分法，从时间序列分析到空间计量经济学方法，从实验经济学到机器学习等，都是需要"三农"社会科学研究者学习和强化的，以克服"本领恐慌"。

（四）检视结论

结论部分一般证明或者证伪假说，从而对理论框架进行验证。很重要的一步是稳健性检验。如果几种研究方法综合应用结论"打架"，甚至得出与中国现实不符的结论。那么，必须回过头去求助于经济学理论，或者检视研究方法是否应用正确，或者寻找新的经验证据。稳健性检验之后的文字性的结论，实际上是很简要的。主要目的在于重述整个研究，强调研究的贡献，并指出研究的未尽之处。

1. 必不可少的稳健性检验

建立竞争性的假说，或者使用不同的方法，来检视结论是否仍然成立。在经验研究中，稳健性检验通常要占到很大的篇幅。采用计量经济学分析来进行稳健性检验，需要尽可能引入控制变量，使用各种方式减轻内生性影响，还有一些常用的稳健性检验方法，包括剔除样本、替换变量、变换样本、工具变量、距估计方法，等等。实际上，具有典型意义的案例、全国或更大范围的统计数据、来自其他国家和地区的经验等，也可以作为稳健性检验的手段。

2. 对整个研究的总结

这个研究提出了一个什么样的问题，围绕这个问题本研究在文献体系中的地位如何，或者找出了哪些文献缺口？为此，本研究设定了什么样的研究目标，构建的假说是什么？为了研究目标设计研究内容，构建理论框架，对应着研究内容需要什么样的素材，采集哪些数据和资料？对应数据和资料，采用一系列怎样的研究方法，得到什么样的结论，这些结论具有什么样的意义？实际上，有时候结论部分容易写成摘要。区别在于，摘要更加简洁，结论可以发挥的空间略大，而且经常要引发今后的研究。马克思主义认识论告诉我们，认识要螺旋状上升。调研生发问题，文献校准问题，实证得出结论，再调研校准结论并生发新的问题。实际上就是"行万里路—读万卷书—写万言文"，并不断地循环这一个过程。

（五）政策设计

政策设计是"三农"社会科学研究学以致用的体现。在当代中国亟须完善制度顶层设计和政策分层对接的背景下，由科学规范的研究得到科学的结论，为政策设计提供决策参考，甚至可以作为研究的主要目标之一。

1. 政策设计要紧扣研究结论

研究结论推导不出来或者引申不出来的政策启示，不要体现。例如，我们发现村庄规划对人居环境质量影响是正向的，那么一条政策建议就可以是"完善村庄规划，促进人居环境质量提升"。但是，如果得出"村庄规划中提出未来20年的明确目标，能够促进人居环境质量提升"这样的政策建议，虽然有一定的道理，但并非实证研究结果明确发现的。

2. 政策建议可以从先进地区的经验中汲取

实地调研的重要性就凸显出来了。例如，"发动和依靠群众，坚持矛盾不上交，就地解决"的"枫桥经验"，就写入了十九届四中全会决议。实际上，当下的农村改革试验有很多。很多案例和综合的素材，可以用社会科学研究方法来集成研究，并提出有意义的决策参考、示范经验，为政策规避风险、分解困难。

3. 借鉴国际经验一定要看外文原文

在借鉴国外经验的时候，不要过分相信二手文献，尽量阅读外文原文。例如，世界银行、世界贸易组织、国际货币基金组织、联合国粮食及农业组织、经济合作与发展组织等国际组织的网站上，每隔一段时间会提供分国别的一段时期内的政策回顾，国际食物政策研究所等国际研究机构网站也会提供某个国家或地区的发展经验教训，特定国家的农业部或农业农村研究部门的网站也是国际经验的重要来源。

4. 政策可以作为一种模拟情景放入预测模型

可计算一般均衡模型或局部均衡模型为我们提供了有力的动态分析工具，

模拟的情景经常包括不同的经济增长速度、不同的城镇化速度，实际上政策设计也可以作为一种情景放入这种"大模型"进行预测。

三、落到纸面

研究设计得再科学，执行得再规范，没有写出来、落到纸面上，就不算成果落实。西谚有云："你写什么，你就是什么。"香港中文大学政治与行政学系李连江教授，把写作形容为"助推事业起飞的火箭燃料"，其《不发表就出局》《戏说统计》等代表作品，对哲学社会科学的研究者有很大影响。

（一）微观基础

1. 如何锻炼文字？

每天写800～1 000字。虽然可能并非每天都在搞社会科学写作，但还是建议大家不失时机地把自己的观点写出来。例如，不失时机地对自己读的文章、看的书进行评述。甚至，对看的微信帖子、看的电影、短视频等进行记述和评论，都可以作为练笔的机会。

2. 怎么让文字语句通顺？

几个技巧，不一定齐全。一是把主语、谓语、宾语挑出来，看看通不通？二是少用被动句，更不要用倒装！三是长句容易犯语病。四是一句里面"意群"不要超过三个，转折不要超过三次。例如，比较一下下面两句话：

粮食价格上涨是由于通货膨胀导致的整体物价水平上涨。

粮食价格上涨是由于货币超发导致的通货膨胀所引起的整体物价水平上涨。

第一句显然更通顺一些，句中意群只有两个："粮食价格上涨是整体物价水平上涨的一部分""通货膨胀导致整体物价水平上涨"。第二句多了一个意群："货币超发导致了通货膨胀"。

（二）中观对接

语句要组织成段落才能称其为文章。

1. 主题制

北京大学黄季焜教授曾谈道:"我自己写文章,我从头到尾讲,再讲一遍,直到自己听下来很完整,然后跟同事再讲一遍,所以我把所有话写下来,每一个叫主题制,就是一段的内容,50 个主题制就是 50 段变成一篇文章,写完你把这段话证明开来,把文献加进去,把结果加进去,就是很好的文章。"

2. 组织好段落

其一,第一句就是一个主题句。如果一篇文章只看小标题和每一段主题句,就基本上能够看懂,那么这篇文章就写得很成功。其二,每段文字篇幅相差不要太大。各段落主干部分字数差不多,图、表等另算。其三,小标题要么是名词,要么是主谓结构,要么是动宾结构。

3. 注意钩眼扣

"钩眼扣"就是文章中"硬核"的叙事逻辑,"钩"和"眼"就是连接句子和段落的主要思想,增加过渡性词语或者语义群。钩眼连好,一气呵成,如图 1 所示。

中国目前已经基本形成了以直接种粮补贴、良种补贴、农机补贴和农业生产资料补贴等为主要内容的农业补贴新制度。新制度区别于中国传统农业补贴制度的最主要特征是**直接补贴农业生产者——农民**。农业补贴新制度在中国的全面实施是从 2004 年开始的,虽然该政策已经在增加农民收入等方面显现出一定的效果,但是,存在诸多有待进一步完善的问题(详见研究评述部分)。在理论方面,作为中国农业政策的重要内容和热点关注之一,对中国农业补贴制度的研究文献可谓是汗牛充栋,但是,对农业补贴对农户微观经济行为影响的文献却并不多。因此,充分借鉴国内外对农业补贴以及农户经济行为研究的丰富成果,结合中国农业生产和农产品流通的特殊国情,对中国的农业补贴新制度的微观经济影响进行系统性的总结评价研究,具有重要的现实意义和理论价值。本论文试图从中国农户微观经济行为的视角来探讨农业补贴的效果。

图 1 钩眼扣示例

(三)宏观结构

GRE 考试用书《一本小小的红色写作书》,将写作的谋篇布局分为六类:范畴结构、评价结构、时间结构、比较结构、线性结构、因果结构。

1. 范畴结构

分几类主题，6~8件事分开详述，适用于报刊宣贯和内参的写法。例如，下文是关于培育农业发展新动能的一份决策参考，可以把新动能分为六个类别：

一、适应消费升级，培育农产品供给侧结构和质量升级新动能。

二、加快科技创新与推广集成应用，提升科技创新驱动新动能。

三、把绿水青山变成金山银山，催生绿色发展新动能。

四、发展多种形式的适度规模经营，优化新型经营主体带动新动能

五、加强业态创新和一二三产业融合发展，利用好产业融合的新动能。

六、进一步扩大农业对外开放，统筹国际资源和市场带来的新动能。

2. 评价结构

将一个事物或观点的正反两面分别来谈，与时间结构、比较结构略有重合。例如，下面这段关于农村改革的文字：

过去的改革是在工业化、城镇化发展水平较低情况下进行的，主要是通过创新农业经营体制和引入市场机制来调动经营主体的积极性；现在的改革是在工业化、城镇化深入发展的情况下进行的，需要通过调整国民经济收入分配格局和建立农业支持保护体系来调动经营主体的积极性。过去的改革是在物质相对短缺情况下进行的增量改革，相关利益主体大都能得益，比较容易形成改革共识；现在的改革是在物质相对丰裕条件下对既有利益格局的调整，相关利益主体的利益取向不同，不均衡、不协调的问题比较突出，推进改革的难度加大。过去的改革是在农业农村经济运行相对封闭状态下进行的，以农业农村内部的单项改革为主，改革容易推进、容易成功；现在的改革是在开放背景下进行的，农业与国民经济和国际农产品市场的关联度不断提高，改革涉及的范围更广，需要整体考虑、统筹推进。过去的改革主要采取自下而上的方式进行，点上突破、面上推广；现在的改革更加注重顶层设计、统筹规划，需要上下结合、有计划有步骤地推进。

3. 时间结构

按照事物发展的顺序排列，一般按照时间先后顺序。例如，研究我国现代

高素质农民培育政策，可以概括其大体经历了四个阶段：

> 20 世纪 90 年代到世纪之交，农民培训试点刚刚起步。
>
> 世纪之交到 2012 年，扶持政策开始关注"新型农民"。
>
> 2012—2019 年，新型职业农民成为培育重点。
>
> 2019 年之后，正式提出"高素质农民"概念。

4. 比较结构

按照几个维度比较事物。例如，朱守银研究员曾就工农城乡发展因素比较如下：

> 发展路径上，城镇是分工分业和人口、工商业集聚的结果，是靠"外来"资源启动和"陌生人"建设壮大的，是生产消费交换集中地。而村庄是人类依托自然资源，为抵御野生动物、外来种族、自然灾害，为获取食物、繁衍生息，经过漫长演变过程形成的，以村庄为生存单元的"熟人"社会延续至今。功能定位上，城市是行政、经济、科技和交通运输、工业文明中心，集聚乡村人口，引领乡村发展；小城镇与城市的功能差异，主要体现在引力高低、容量大小、作用强弱上，没有本质区别。而乡村的粮食安全保障地、农民生存空间承载地、优秀农耕文化传承地、生态屏障保护地、居民休闲观光休憩地等功能，城镇无法提供。基本特性上，城镇具有聚落密集性、要素集聚性、规模扩张性、生活快捷性、区域辐射性，更加追求科技引领、开放发展；而乡村更具地域广阔性、要素分散性、生态良好性、生活舒缓性、区域固定性，更加依赖自然资源，更要追求绿色发展。

5. 线性结构

按照流程顺序进行阐述。例如，对一个农产品怎么研究。再如，对稻米全产业链的分析，要遵循"产—购—消—调—存—加"的线性顺序，即围绕农民和新型经营主体生产、贸易商收购、消费者消费、市场调控、储备和加工的诸环节进行研究。

6. 因果结构

按照成因—结果来组织。例如，下面是一段典型的新闻发布会文稿：

在自然灾害多发、国际粮价大幅波动的情况下，我国粮食市场运行能保持基本平稳，关键还是供需基本面牢固。

一是粮食生产形势好。……

二是储备调控能力强。……

三是市场各方预期稳。……

（四）"起名"的学问

中山大学刘军强教授在《写作是一门手艺》中讲过这样一个故事：国外出了一本书，书名是 *How to Change Your Wife in 30 Days?*，一时间洛阳纸贵。后来出版商致歉，解释标题应该是 *How to Change Your Life in 30 Days?* 其后，这本书无人问津。虽然是个笑话，但是这个笑话告诉我们，题目要新颖。可以起一个性感型的题目，如《经济研究》2010 年第 10 期有篇文章题名《香烟、美酒和收入》；也可以起一个力量型的标题，如《农业机械化对农户种粮行为和效率影响的实证研究》。

（五）社会科学好文章的一条重要标准

当然，不是唯一标准。一篇文章能讲到课堂上，作者讲好了，就能写好了。笔者曾经合撰过《"十四五"时期的农业农村现代化：形势、问题与对策》一文，其中的五期交汇、十大不平衡不充分、八个没有改变、六大改革方向，实际上就是在多个课堂讲过的。有时候一门好课也可以转化成一篇文章；当然，一篇好文章也能够转化为一门好课。

最后，再说点多余的话。很多社会科学研究者或者政策研究者，尤其是刚刚入行的年轻研究者，一般都苦于找不到方向。做好主责主业的同时，可以跟踪：一个产品，例如大豆；一个产业，例如农产品加工业；一个政策：例如，耕地保护政策；一个趋势，例如数字乡村；一个国别，例如俄罗斯农业。

自科类科研项目的组织
实施及成果申报

主讲人：孙福宝

　　中国科学院新疆生态与地理研究所副所长，研究员（二级），博士生导师，长期从事陆地表层水热平衡格局及全球变化灾害风险研究。国家杰出青年科学基金获得者，欧洲地球科学学会杰出青年科学家奖获得者，入选中国科学院海外杰出人才计划（终期评估优秀），国家高层次人才计划。曾任职于东京大学和澳大利亚国立大学。兼任国际地质灾害与减灾学会滨海与河岸环境灾害专业委员会主席，第十届中德前沿科学研讨会主席，中国自然资源学会理事、中国冰冻圈科学学会理事，全国第一次自然灾害综合风险普查新疆技术专家组组长，中国工业与应用数学学会气候与环境数学专业委员会副主任，*Environmental Research Letters* 常务编委、*Earth System Dynamics* 编委、《干旱区地理》副主编、《干旱气象》编委等。在《美国国家科学院院刊》等国际期刊发表论文 80 余篇，在欧洲地球科学学会、中国生态学大会等国内外重要会议做特邀报告 10 余次。

　　科技创新是提高社会生产力和综合国力的战略支撑，科研项目是科技创新活动的核心载体。科研项目是指具有科学研究能力的单位或个人在一定的时间、预算范围内开展的，具有明确目标或目的的一系列科学技术研究活动。科研项目来源广泛，包括国家各级政府的基金支撑科研项目和科技计划项目，也包括企事业单位的科研合作开发项目以及自筹科研项目等。国家级科研项目是体现一个国家科研水平和含金量的重要指标，决定着科研工作的主攻方向、奋斗目标和应采取的方法和途径。

　　随着科研项目组织管理模式的不断优化、管理水平的不断提升，科研项目课题的组织实施和成果保障的任务日益重要。本讲尝试从科技工作者的具体实践视角，谈一谈科研项目课题的组织实施与成果表达。各类科研项目的资助程序和遴选标准有较大差异，还因时因地进行调整。为了提供一般性的参考，本讲旨在凝练出科研项目课题所面临的组织管理和成果表达的特点以及约定俗成的有效做法。

一、项目分类

　　我国科研项目的类型是多种多样的，受到广大科研人员广泛关注的国家级科研项目包括：国家自然科学基金项目、国家重点研发计划项目（整合国家重点基础研究发展计划、国家高技术研究发展计划及国家科技支撑计划等）、国家级基础性专项、国家级科技重大专项等；由中组部、人社部、中国科学院、科技部、教育部、国家自然科学基金委等中央和国家机关设立实施的国家级高层次人才计划项目、海外高层次人才引进计划项目等；由地方政府或企事业单位设立或委托承担的种类繁多的科研任务或有着重要影响的人才项目等。科研项目按照的目标可分为三类：自主选题类、任务导向类和人才计划类等。

　　自主选题类科研项目是由科研人员紧密围绕国家需求、国际科学前沿、区域经济社会发展、学科发展和学科交叉需求，自主提出基础性或应用基础性的关键科学问题而自行申请的科研项目。此类项目的科学问题属性多样化，可体现出原始创新能力，也可体现出前沿科学热点难点，也可体现出制约国家或区域经济社会发展的交叉性科技需求。此类项目的目标是为了凝聚高水平研究队伍、汇集广大科研人员的创新力量，服务创新驱动发展。

任务导向类科研项目一般针对事关国计民生的重大社会公益性研究，以及事关产业核心竞争力、整体自主创新能力和国家安全的重大科学技术问题，突破国民经济和社会发展主要领域的技术瓶颈，为国民经济和社会发展主要领域提供持续性的支撑和引领。此类项目的目标是，按照基础前沿、重大共性关键技术到应用示范进行全链条设计，针对国民经济和社会发展各主要领域的重大、核心、关键科技问题，组织产学研优势力量协同攻关一体化实施，提出整体解决方案。

人才计划类科研项目是指国家或有关部门组织实施的青年科技人才培养项目、以引进为目标的高层次人才计划或海外高层次人才引进计划项目。人才计划类科研项目的目标各有侧重，有些是为各方面优秀人才提供创新创业的广阔舞台，为青年科技人才开展科学研究的发展空间；有些是在世界科技前沿领域已取得基础学科和基础研究的重大发现、具有世界水平的科学家，为国家科技和产业发展培养急需紧缺的领军人才和青年科技人才；有些是在各个学科领域通过自主选择研究方向开展基础研究，培养进入世界科技前沿的优秀学术带头人和创新型青年人才。此类项目的共同目标都是为我国提高自主创新能力、建设创新型国家提供有力的人才支撑，核心要义都在于选拔培养科技人才。

二、组织实施与成果

科研项目从构思选题、申请立项、组织管理到成果表达，各部分工作都须是综合性、系统性、高标准的，因此科研项目特别是国家级科研项目有着众多一致的标准和要求。例如，立项要有价值、有意义，符合目的性、创新性、求实性、可行性原则；又如，申请者要有相匹配的软硬件实力和专业科研团队，具备一定的科研成果研发能力；再如，立项须经各级专家委员会的评审才可获得批准，成果水平则由同行评审专家对照任务书进行评估。

如果把项目的预期成果目标概括为"完成任务"和"培养人才"，那么任务导向类的侧重点为"完成任务"，常需要申请团队产学研的紧密结合；人才计划类的重点为"培养人才"，需要凝练总结申请人近年来的主要学术贡献及其科学意义；而自主选题类科研项目则兼而有之。因此，首先对具有代表性的自主选题类科研项目进行详细介绍，在此基础上再分别重点介绍任务导向类和人才计划类科研项目的特色。

1. 自主选题类

自主选题类具有科研项目的一般性特点。

摘要是项目的精华部分，要突出研究思路。一般多用概括性语句，包括概述目标、研究内容、研究方法、科学意义和预期成果等方面。摘要的撰写，要做到思路清晰、层次分明、版面简洁、易于阅读。

项目选题以科学问题为导向。选题要新颖、具体而醒目，具有一定的理论基础、技术基础和工作基础。通过前期大量的国内外（公开或非公开的）文献广泛调研，聚焦前沿科学的"从 0 到 1"重要原始创新的科学问题或热点难点问题，制约国家或区域经济社会发展的应用基础科学问题，多学科领域交叉、多技术融合的关键科学问题。

项目构思从研究对象尚待阐明的机理机制入手，进而形成总体研究线路框架，通过综合分析在国内外的研究现状明确其重要意义，指出现有研究的不足，尚未解决的关键的科学问题，即为研究的切入点。针对关键的科学问题，引述文献证据和前期工作基础，提出解决问题的新思路、新方法。可设立小标题，分段渐进，环环相扣，增强可读性。

立项依据要回答一个核心问题，即"为什么要开展这个研究课题"。根本目的是把拟解决的科学问题和未来拟开展的研究工作，进行思路清晰、层次分明、逻辑严密的论证和展现，能够让同行评审专家明白所研究课题的科学问题、研究假说、研究思路及科学意义，认同其创新性、科学性、可行性和重要性。

立项依据的出发点和落脚点都是为了凝练出一个具体且重要的科学问题。从国内外长期以来以及最新研究进展中，阐述解决这一科学问题的必要性和重要性。必要性是指由于没有解决这一科学问题而出现的当前困境。重要性是解决这些问题后所能产生的科学意义和应用价值，对于基础研究要结合科学研究发展趋势来论述其科学意义，对于应用研究要结合国民经济和社会发展中迫切需要解决的关键科学和技术问题来论述其应用价值。

立项依据需要阐明拟解决的科学问题的关键与瓶颈。系统总结这一科学问题涉及的理论、技术、方法和数据等方面研究工作的国内外最新动态，客观评述其研究水平，梳理已解决了哪些问题，还有哪些问题尚未解决。全面论证前期工作中制约解决这一科学问题尚待解决的瓶颈问题，阐明其创新性和独特性，确定其中的关键科学问题。

立项依据能展现出进行此项工作的研究思路的可行性。研究思路是要陈述解决科学问题和验证研究假说的研究线路框架，体现出对解决科学问题的致密的思考过程和切实的可行性。可围绕科学问题融入前期研究工作和基础，说明实现预期研究目标的条件。

立项依据需要引用恰当而充分的国内外文献。文献是论证科学问题和研究假说的重要依据。需要对国内外研究的动向和趋势进行翔实而深入的文献调研，重点对近年一系列关键工作的相关文献有充分而深入的把握，着重阐述未解决的科学或技术问题，全面透彻地分析原因，形成清晰严密、合乎逻辑的假说和设想。

研究目标要直接针对拟解决的关键科学问题。阐述通过本项目课题的开展将能实现什么具体明确的目标，论述理论意义、学术价值、应用价值及可能产生的社会和经济效益。研究目标的提法要准确、恰当。

研究内容指"做什么"，要与研究目标高度一致。研究内容阐述拟开展哪些工作，能否达到所提出的研究目标。研究内容本着精练原则撰写，表述准确，突出重点，紧扣目标，体现一定的难度。

研究方案指"怎么做"，要紧密围绕研究内容。撰写则本着详尽的原则，以清晰的研究思路，从研究方法、技术路线、实验手段、关键技术等方面，详尽论述步骤、关键技术、理论突破、可行性等部分。一般而言，图文并茂的表达方式往往胜过文字的堆砌，可把总体研究方案和针对某一研究内容的具体方案涉及的技术路线和工作流程，以清晰的逻辑关系图示。在设计研究方案时，应列举一些重要的研究方法用来解决想要研究的科学问题，拟定的研究方案实施后能有效解决关键科学问题。

研究方案要能体现务实态度和切实可行性。在比较理想的研究方案中，所采用的模型方法、技术路线、实验手段都要逐项写清、适度详细，方案合理可行，研究思路新颖，理论方法独特，关键技术先进且有扎实的基础。对技术路线关键步骤、关键技术方法及实施方案，可按理论基础成熟（理论）、研究目标的技术可实现性（技术）、本单位现有实验设备完备（设备可行）、团队技术能力（能力）等来论述可行性。

创新点凝练要实事求是，指明其国际国内研究的先进性和创新性。"有限支持，有限目标"，能有所创造、有所前进就可以。

研究基础要与研究目标内容紧密联系、前后呼应。现有的研究基础主要有：已开展相关工作，熟悉掌握完成项目所需的理论和方法；已具有一定的数据和结果积累，进行了初步分析研究，有望实现预期目标；已具备研究所需的试验设备和实验材料；已掌握关键技术和模型手段，有助于改进现有技术手段，也可建立新的技术。有针对性地展示研究团队的相关工作经历、成果等及所在实验室和学科的研究条件，特别是研究方案所涉及的仪器设备与工作条件。

2. 任务导向类

任务导向类的科研项目与自主选题类科研项目有很多共同之处，也有着鲜明的特色。其最根本的特色在于，此类项目要针对所发布的指南中的某项任务，对应设定研究目标和内容、预期成果和评价标准。

遵照的指南则是由特定的专家委员会，面向世界科学前沿、国家重大战略需求、国民经济主战场的共性需求或者国家安全的重大需求，提出的亟待解决攻克的重大关键科学和技术瓶颈问题清单，以缩短与国外先进水平的差距、解决领域卡脖子问题等为研究目标。通过多种方式征集遴选科研项目选题和任务，通过同行评审专家对项目进行评议。

具体表现为：

因是"命题作文式"的科研项目，扣题至关重要。研究思路和内容要体现对指南方向目标的支撑性。须明确指出对应指南的哪项任务，方向目标是什么；通过总结申报方向的国内外研究现状和趋势，突出研究内容的必要性、创新性、前瞻性及时效性；研究内容须对应指南、符合指南的要求。名称则应清晰、准确反映研究内容，不宜宽泛。

项目预期成果和考核指标。明确项目预期成果和产出，说明成果和产出考核指标，介绍考核指标的评测方式和方法。注意这部分要重点体现明确性、合理性和可行性。

任务分解和研究进度。介绍项目任务分解和课题设置；各课题的目标设置、考核指标和进度安排。注意围绕项目如何实现来展开，说明各课题及各课题间的逻辑关系即可，一般不要单独展开各课题的具体情况，重点突出计划性和合理性。此类项目借鉴了工业化科技研发管理模式，比如"揭榜挂帅""赛马"等项目的组织方式，强化了研发进度安排中的关键节点考核和"里程碑"管理。

科研团队和工作基础，对于任务导向类科研项目极为重要。重点介绍科研团队的整体科研水平和创新能力；结合任务设计和课题设置，说明研究团队的构成与分工；团队在本领域已有研发基础和条件；介绍项目的组织实施机制和内部管理协调方案；单独申报单位的组织和管理能力。兼顾项目负责人、牵头单位和项目团队的整体学术水平、研发能力和科研基础，重点突出可以保障和满足研发需求。

3. 人才计划类

人才计划类科研项目的目标在于对人才的支持和培养。与其他项目类似，要求内容简明扼要、形式图文适当，特别是涉及学术贡献的评述部分要适当、有明确依据、表述准确规范。人才计划类科研项目一般分为同等重要的两个部分：一部分是关于个人近年所取得的学术成绩及其学术价值、社会经济效益；另一部分是在此基础上详细展开未来拟开展的研究工作。这两部分密切关联，为前期基础与未来拓展之间的关系。后一部分可参照自主选题类科研项目，这里不再赘述。

关于个人近年所取得的学术成绩及其学术影响、社会经济效益的部分，须本着实事求是、准确完整、层次清晰的原则，进行论述。要先简明扼要地阐明研究背景和意义，提出两到三个相互关联的关键科学问题，进而形成已开展的研究工作紧密围绕的一个研究主线，成果可以为理论方法，也可以为应用成果，也可以兼顾。

学术成绩更加突出代表性论著的学术创新性和学术评价的多样性。比如，是否创立了原创性的科学研究方法，可被用来解决重要的科学问题；又如，是否为重要科学问题的解决提供了新的、关键的、可靠的证据；再如，是否对所在学科的认知体系或对解决重要社会需求背后的基础科学问题有实质贡献；另如，研究工作是否可以导致领域研究方向、范畴、视野的变革或者领域认知体系的显著进步，从而促进学科发展。

学术成果较为重视第三方的学术评价。在学术评价方面，应实事求是地引用客观评价原文，尤其尊重国内外知名科学家、高影响和综述性学术期刊、有影响的教材、重要报告等的实质性评述以及对我国社会经济和产业发展产生了重要影响的咨询建议。在影响方面，重视学术影响，而不是简单的新闻效应或热点报道，形成良好的杜绝弄虚作假、抵制拔高的优良风气。

4. 科研成果

科研成果要考虑对基础性和实用性的双重价值，通常包括如下三种类型：基础性理论成果，是指在基础研究和应用基础研究的领域取得的新发现、新学说，例如学术论文、专著或模型等，可参阅第六讲关于学术论文撰写的论述。应用技术成果，是指在科学研究、技术开发和应用中取得的新技术、新工艺、新产品、新材料、新设备、新品种和计算机软件或发明专利等，体现具有自主知识产权的研发能力。软科学成果，是指对科技政策、科技管理和科技活动的研究所取得的理论、方法和观点，其成果的主要形式为科学研究报告，体现在国家重大决策中所发挥的重要作用。更为广泛的科研成果形式还包括人才培养、社会效益和经济效益等，其中人才培养可参考上一节的相关论述，获得国内外奖励、科普公益活动均属于社会效益部分。

在科研项目绩效评价中，重点是评价科研成果，兼具评价科研过程，包括定性评价和定量评价两种评价方式。定性评价通常采用同行评议，是指由某一领域的专家或与该领域相关和相近领域的专家对某项研究的学术价值进行判断和评价鉴定的分析方法，适合于难以量化的科研成果的评议。定量评价中应用比较广泛的有文献计量法，即采用数学和统计学的方法对文献进行定量分析，从科研论文数量、期刊影响因子等指标对科研人员或科研机构进行科研成果绩效评价。

因此，科研项目设定的预期成果要考虑到上述两点。既要兼顾多种类型科研成果的表达形式，又要兼顾科研成果和科研绩效的定量和定性评价，还要兼顾由兴趣驱动的科技创新活动和科研项目所包含的完成预期成果的"契约精神"。

科研项目组织管理模式关系着科研项目能否顺利实施。由于对科研目标和预期成果的考核验收中定性与定量兼顾，评价的方面和手段越来越全面，对科研项目的实施过程传导了有效压力。针对科研项目过程及结果是否达到预期目标或目的而进行的评价活动，由相关部门在具体制度框架下设定绩效目标，运用科学、合理的绩效评价指标、标准以及方法，对科研项目的效率性、效益性和管理规范性做出客观公正的评价。此外，更加广泛而有效的同行评议制度发挥了重要作用。

三、小结

本讲根据预期成果和目标将科研项目分成三类：自主选题类、任务导向类和人才计划类等，分别介绍了其特点、组织实施和成果表达。现做如下总结：

自主选题类具有科研项目的一般特点，其科学问题属性多样化。科研人员积极面向国家重大需求、国际科学前沿、区域经济社会可持续发展、学科发展和学科交叉的实际需求，自主提出基础性或应用基础性的关键科学或技术问题，能激发科研人员的创新力量，服务创新驱动发展。

任务导向类和人才计划类科研项目各有侧重。前者主要针对事关国计民生的重大社会公益性研究，以及事关产业核心竞争力、整体自主创新能力和国家安全的重大科学技术问题，突破国民经济和社会发展主要领域的技术瓶颈，为国民经济和社会发展主要领域提供持续性的支撑和引领。而后者则是国家或有关部门组织实施的以高层次人才和青年科技人才的培养或引进为目标，核心要义在于选拔培养科技人才。

科研项目组织管理模式对科研项目能否顺利实施有着至关重要的作用。科研项目设定的预期成果既要兼顾多种类型科研成果的表达形式，又要兼顾科研成果和科研绩效的定量和定性评价，还要具有科研项目所需的"契约精神"，由兴趣驱动的科技创新活动服务于由任务驱动的预期成果和目标。

随着国家对科技创新的资金投入逐年增加，支持力度越来越大，受众面也越来越广，国家科技创新战略目标进一步明晰，国家科研管理的体制机制不断健全，较大程度上释放了科技创新活力，广大科研人员应自觉服务于我国的创新驱动发展，服务于创新型国家建设。

社科类科研项目的申报与组织实施

主讲人：武拉平

中国农业大学经济管理学院教授，博士生导师。主要从事农产品市场和贸易以及粮食经济的相关研究。教育部新世纪优秀人才、北京市"四个一批"经济学理论人才。主持完成国家自然科学基金、国家社会科学基金、北京自然科学基金和中央部委委托课题以及联合国多个机构等课题50余项。曾被聘为联合国粮食及农业组织农产品市场监测预警国家顾问，联合国亚太经社会贸易便利化专家，世界银行、亚洲开发银行咨询专家。发表论文200多篇，出版著作教材20多部。获全国商务发展研究奖研究优秀奖、全国商业科技进步奖二等奖、中国改革实践和社会经济形势社科优秀成果特等奖。

在科学研究领域（特别是基础性研究），政府的公共科研投资占有重要地位。围绕自然科学和社会科学，国家分别设立国家自然科学基金委和全国哲学社会科学工作办公室，负责相关科研项目的申报、执行和结题管理工作。当然，国务院各部委和各省市等地方政府也根据各地情况设立科研项目。本讲将对社科领域的主要科研项目进行介绍。

一、国家社科类科研项目介绍

（一）重大项目与一般项目

科研项目，根据研究内容的深度和广度可以分为重大项目、重点项目和一般项目。社科领域的重大项目是直接面向国家重大战略需求，在理论上有较大突破、在政策实践方面能够为解决问题提供重要决策支持的项目。其重要特点包括：理论的前沿性，要求研究必须建立在相关理论的前沿基础上，因而往往是要联合攻关，才能有理论上的突破；研究问题的战略性，所研究的问题不是某个很具体的问题，往往涉及经济社会发展的全局和长远，具有深远的意义；组织方式的协作性，重大项目的研究，往往设置多个子课题，由总课题组统一协调，通过分工合作，各个子课题研究团队和总课题之间，既相互独立又密切合作，共同完成项目的研究；研究成果的长效性，重大项目的研究成果不是针对某个具体的问题，也不是短期的一个时效性较强的研究，其研究成果往往会影响国家的战略制定或经济社会相关领域发展的方向，或者对该领域的理论发展具有重要的引导作用。

一般项目，则针对某个具体的问题，所研究的问题相对集中，可能是社会经济发展战略中的某一点，或者经济社会理论中的某个方面，不一定是前沿性的理论，其研究内容涉及面往往不会太大；项目组织中，一般由一个研究团队完成，不设置多个子课题；相对而言，一般项目的成果时效性或应用性更强些。

在科研项目体系中，有时候也设立重点项目，它介于重大项目和一般项目之间，这里不再赘述，下面将结合具体的项目进行说明。

（二）国家社科类科研项目的总体要求

科研项目的研究由于其重要性程度高，因此在很多方面的要求都比较严格。首先，要求研究的内容，必须基于扎实的理论基础之上，并且直接跟踪经济社会科学的理论前沿，申请人的前期研究在该领域得到广泛的认可，具有较强的影响力；其次，对于非纯学术的理论研究，科研项目特别是重大项目必须面向国家重大战略需求，能够为经济社会发展战略提供重要的方向性或趋势性的支持，服务于相关部门的决策实践；再次，申请人必须能够很好地组织本领域的相关研究团队进行联合攻关，总体项目的研究设计能够体现出各个子课题研究之间的科学关系，总项目不是几个子课题的简单拼凑，而是内在融合；最后，社科类科研项目的研究并非"研究期限"到期就结束，由于研究的长期性和全局性等问题，其研究成果的真正完成，往往需要较长的周期，因此即使项目研究期限到期，后续的研究进展和成果也需要与资助方不定期沟通，充分体现出研究的持续性。

当然，在项目的申报过程中的投标课题选择、投标书撰写、投标者条件、项目完成时限及成果等方面也有具体要求。在投标课题选择方面，投标者须按相关指南中发布的选题投标，同时要依据项目投标书规定的内容和要求填写申报材料。在投标书撰写方面，文本应简洁、规范、清晰，且重点介绍首席专家近年在相关研究领域的学术积累和学术贡献、同行评价和社会影响等方面情况。课题论证除必要的学术史梳理，也应对同类课题研究状况和他人研究成果做出分析评价，并阐明投标选题的价值和意义。框架设计应突出研究重点，避免大而全，子课题数量根据需要设计，但也不宜过多。在投标者条件方面，首席专家一般要求具有正高级专业技术职称，每个子课题一般确定一名负责人；对于投标跨学科选题，一般要求侧重文理交叉和协同创新。在项目完成时限及项目成果方面，项目完成时间根据研究工作的实际需要确定，部分研究任务艰巨、规模较大、周期较长的课题可分期完成。预期研究成果的规模和数量应科学合理，确保质量和学术水准。

（三）国家社科类主要科研项目介绍

以下是对我国社科类主要科研项目的简单介绍，详细内容可以登录相关管理机构的网站具体了解。

1. 国家自然科学基金重大研究计划

国家自然科学基金管理的社会科学类项目主要归管理科学部管理。国家自然科学基金重大研究计划围绕国家重大战略需求和重大科学前沿，有助于促进学科交叉与融合，培养创新人才和团队，提升我国基础研究的原始创新能力。该计划主要包括培育项目、重点支持项目和集成项目等亚类。其中重大研究计划培育项目的资助期限一般为 3 年，重点支持项目的资助期限一般为 4 年，培育项目和重点支持项目的合作研究单位不得超过 2 个；集成项目的资助期限由各重大研究计划指导专家组根据实际需要确定，合作研究单位不得超过 4 个，项目主要参与者合计人数不超过 9 人。具有高级专业技术职务（职称）的学者均可申请该计划。

2. 国家自然科学基金重点项目

国家自然科学基金重点项目支持从事基础研究的科学技术人员针对已有较好基础的研究方向或学科增长点开展深入、系统的创新性研究，促进学科发展，推动若干重要领域或科学前沿取得突破。重点项目申请人应当具有高级专业技术职务（职称），且有承担基础研究课题的经历。重点项目一般由 1 个单位承担，确有必要进行合作研究的，合作研究单位不得超过 2 个。资助期限为 5 年。

3. 国家社会科学基金重大项目

国家社会科学基金目前设立有重大项目、年度项目、青年项目、后期资助项目、中华学术外译项目、西部项目、特别委托项目等项目类型。

国家社会科学基金重大项目主要资助对哲学社会科学发展起关键性作用的重大基础理论问题，资助领域包括中国特色社会主义经济、政治、文化、社会和生态文明建设及军队、外交、党的建设的重大理论和现实问题研究。

国家社会科学基金重大项目的申请时间一般为每年 8 月下旬至 9 月上旬，申请人应具有正高级专业技术职称或厅局级以上（含）领导职务。如获中标，将根据研究进展情况和完成质量，立项两年后经中期检查评估合格后予以滚动资助。

重大项目包括基础理论研究、应用对策研究和交叉学科研究，以基础理论研究为主，重大项目投标要以单位名义进行，多单位联合投标须确定一个责任单位，每个项目的首席专家只能是一人，项目首席专家只能投标一个项目，且不能作为子课题负责人或课题组成员参与本次投标的其他课题。子课题负责人须具有副高级（含）以上职称。

4. 国家社会科学基金青年项目

国家社会科学基金委年度项目包括重点项目和一般项目，主要资助对推进理论创新和学术创新具有支撑作用的一般性基础研究，以及对推动经济社会发展实践具有指导意义的专题性应用研究。国家社会科学基金年度项目申报时间为每年的 3 月初至 3 月中下旬，具有副高级以上（含）专业技术职称（职务）或者具有博士学位的学者均可申请。年度项目的资助期限为 2～5 年。国家社会科学基金青年项目隶属于年度项目，青年项目申请者（包括课题组成员）年龄不得超过 35 周岁（以申报截止日期为准）。全日制在读研究生不能申请。在站博士后人员均可申请，其中在职博士后可以从所在工作单位或博士后工作站申请，全脱产博士后从所在博士后工作站申请。其申请时间、资助年限与年度项目一致。

5. 中央农办、农业农村部乡村振兴专家咨询委员会软科学课题

中央农办、农业农村部乡村振兴专家咨询委员会软科学课题一般在每年的 2 月底至 3 月初申报，各类教学或科研单位工作人员，具备副高级以上（含）专业技术职称（职务），或者具有大学本科以上学历、有两名正高级专业技术职称（职务）的同行专家书面推荐的研究人员均可申报。研究课题设置为"开放命题"和"规定命题"两大类，软科学研究课题原则上为年度课题，根据研究任务安排资助经费 10 万～20 万元，最终研究成果包括课题报告和 3 000 字左右的决策参考报告。

6. 其他社科类重大项目

在人文社科领域，教育部也专门设立人文社科研究项目，但主要针对高校教师。根据社会经济发展，国家自然科学基金委等也不断推出一些新的项目，比如国家自然科学基金委应急项目、阐释党的中央全会精神的专题研究等。申请者可以随时关注上述介绍项目的管理网站。

二、国家社科类科研项目的申报

(一) 如何确定选题

科学研究的目的是认识客观世界的本质、发现现象之间的因果关系，是从个别现象中寻找一般的共性规律。选题是开展科学研究的关键，选题的质量直接决定了研究的价值。选题应带有强烈的理论或实践问题意识，所提问题要有理论和实践的真切感，其研究的基本步骤是实地考察和文献梳理—提出困惑—形成问题—研究课题。

提出科学问题的出发点是阐释相关理论，解释或解决生产生活中的现实问题，但在科学研究中要明确其问题的科学性。科学问题涉及的现实问题应当有一定的意义，这样研究结果也会有比较重要的政策含义，具体包括以下几类：第一，理论预期与实际结果不一致。第二，预定政策目标和现实结果不一致。第三，对某一现实问题有两种以上看上去都合理的理论解释，但结果或政策含义明显不同；对已有的研究结果提出挑战，提出新的理论解释。第四，实现既定目标的政策选择、手段或途径的比较。第五，现行政策或新政策的可能结果，特别是直接目标以外的结果。需要注意的是，从政治、经济、社会、道德、伦理等任何价值判断标准出发认定不合理、错误的东西，通常不是科学研究的对象或问题，对现实问题的描述也不是学术研究的对象或问题；解决实际问题的方案和调查报告不是学术研究。简单而言，科学研究一定是"解惑"，回答理论或实践中的问题，也就是常说的"问题导向性"。

在申请项目时，可以根据申报指南选题，根据其列出的条目，自行选择研究角度、方法和侧重点进行研究，或是在项目要求的范围和方向自行设计题目。选题的思路主要有三种：一是追踪学科前沿，跟踪国内外学术发展和学科建设的前沿动态，通过学科交叉和借鉴移植，推进学科体系、学术体系、话语体系创新，即通过理论推导，提出所研究的"假说"；二是立足经济和社会发展的需要，聚焦经济社会发展全局性、战略性和前瞻性重大理论和现实问题，为决策提供参考价值；三是根据个人兴趣，结合自身的学术兴趣和研究积累，拓展自身的研究，特别是跨学科或跨领域的研究。

选题中的具体问题类型及其注意事项如下：研究问题要带有创新特点，分析要有理论和实践基础；对于一些研究问题（主要是一些较老的话题）往往来自研究的沉寂领域，分析要有延伸或扩展新意；热点问题往往伴随着诸多观点混杂，分析要做历史经验思考。对于不同类型的问题分析，要注意将问题通过概念化的步骤提升至分析性层次。另外，申请者提出的问题应清晰明确，切忌似是而非的问题。

（二）如何撰写研究计划书

1. 项目名称

项目名称是申请者学术思想的高度浓缩和集中体现，是申报项目学术水平最简洁和最直接的反映。在确定项目名称时，应仔细斟酌、反复推敲。项目名称要直接体现研究的核心内容和关键点，不能有不明确的信息和细节。

项目命名一般遵循以下几点：一是简明，对申请内容进行高度总结与提炼，用较少文字表达最重要和最清晰的信息，反映丰富内涵、不繁赘冗长；二是确切，做到明确清晰、不抽象笼统，避免题目过大、内容不具体；三是一致，所反映的内容必须与申请书内容相符，与科学问题、研究对象、研究内容和研究属性等保持一致；四是通顺，文字表述应是通顺的句子，是将关键词进行有序、合乎逻辑的组合；五是新颖，应具有创新性，反映出研究的科学问题、研究思路、创新点等独特之处。在书写上，项目名称一般是科学问题式或结论式命题；一定要用学术语言，避免使用生活语言，因为学术语言的内涵外延等都是明确的，而生活语言则可能是有歧义的。

2. 摘要与关键词

摘要是对整个申请书内容的高度浓缩，相当于一个精简版的申请书，要回答："为什么做""做什么""怎么做""意义何在"。摘要的基本要素应包括研究背景、研究对象、科学问题、研究目标与内容、研究方法和研究意义等。撰写时，应该高度概括，涵盖各基本要素，不能超过字数要求，也不能远低于字数要求。

关键词反映整个项目的基本信息，包括科学问题、研究目标、研究意义、研究内容及主要技术方法等。关键词的选择要确切，一般 5 个左右即可，其中 1 个描述研究对象，1～2 个描述科学问题，1～2 个描述研究内容与研究方法，

1 个描述预期结果或科学意义等。关键词要有序排列，一般依照关键词的内涵及逻辑关系进行排序，关键词之间可以是平行关系，也可以是层次递进关系。

3. 申报书正文

申请书正文主要包括选题依据、研究内容、方法和研究基础等部分，在撰写时应做到内容翔实、明确清晰、层次分明、标题突出。

（1）选题依据

选题依据部分，主要回答"为什么值得研究""创新性如何""科学意义何在"。一般围绕三方面内容撰写：一是项目的研究背景；二是对国内外研究现状的述评；三是选题价值分析。

研究背景主要介绍本领域的相关实践，其目的是引出所研究的关键点，同时反映研究问题的重要性。因此，研究背景部分要文字简练、突出重点，篇幅不宜过长。

国内外研究现状（即文献综述）主要是梳理相关研究，了解研究动态和理论前沿。这部分是衡量申请者学术水平的重要方面，要求对相关文献进行广泛阅读和理解，能够综合分析、归纳整理和评论，并提出自己的见解和思路，切忌文献"堆砌"。在文献资料的选择上，需要注意以下几点：一是权威性，引用权威人士或权威学者的观点，参考本领域的优秀论著；二是前沿性，要找前沿的理论研究或实证分析，反映本领域的新水平、新动态、新技术或新方法，尽量引用最近几年的研究；三是全面性，需要广泛阅读中文和外文文献，不能仅凭一两篇文章就下结论。目前，可以通过很多在线数据库检索，通过被引情况筛选重要文献。

撰写国内外研究现状的述评，目的是找到现有研究可以拓展或创新的地方，反映所申请的选题在本研究领域内的地位。对课题国内外研究现状的述评要客观和全面，切忌过分夸大自己的研究，或不重视他人的研究。在进行国内外研究现状述评时，申请者应围绕课题的核心概念和本质问题展开，首先梳理与本课题密切相关的研究起点和学术源头，然后阐释该领域的发展脉络，通过近年的研究总结目前的研究水平、争论焦点、存在的问题等。

从国内外研究现状的写作来看，需要做到以下几点：一是逻辑性，可以设立子标题、分段渐进、环环相扣、层层递进，注意可读性；二是评述性，本部分的重点即是评述，要避免单纯罗列文献；三是准确性，对研究成果的表述要准确，列举出重要观点与代表性学者，不要把与本课题不相关的资料罗列出来；四是客观性，不贬低前人研究，客观总结现有研究的优劣之处，尽量避免使用"填补空白""国内首创""国际领先""无人问津"等词汇；五是真实性，严格考证资料来源与信息的真实性，尽可能找一手的资料，避免转述别人转述的内容，更忌直接引用他人的文献综述。

梳理国内外研究现状后，需要列出参考文献。参考文献，要选择与本课题高度相关的主要文献。与文献资料的选择原则一致，在选择参考文献时，应注意以下三点：一是具备同行公认的权威性（在重要期刊发表的代表性文献及著作）；二是尽量突出关键文献（缘起性的文献或学术源头）和最新文献；三是保持文献的系统性。参考文献的数量并非越多越好，数量应适中。

选题价值主要包括学术价值和应用价值，也就是理论意义与实践意义。申请者应围绕核心概念与本质问题阐述选题的理论价值，主要包括：解决或阐明什么科学问题，对所属领域的贡献，补充和丰富新知识，对学术理论发展的作用。对于应用价值，申请者应阐明该选题在实践中的矛盾是什么，为何这些矛盾是迫切需要解决的，本研究对国民经济和社会发展的作用。在分析选题价值时，应该注意以下几点：一是要具体，可以用数字支撑，不能泛泛而谈，切忌大而空；二是要有针对性，结合本课题进行阐释，避免庞杂地罗列各方面的意义。

（2）研究目标与研究内容

阐述研究内容前，要首先明确本课题的研究对象。研究对象应来自对题目的确切分析和对选题的领域限定。如果本课题的研究对象在领域内还存在不同的认识和理解，申请者需要先对研究对象进行准确界定，在界定时可在总结前人对相关概念界定的基础上，结合自己的研究目标与内容，给出本课题中研究对象的明确定义。

研究目标主要阐述通过项目的研究将达到什么目的，如科学意义、学术价值、直接或潜在的应用价值以及可能产生的经济与社会效益。研究目标围绕本课题的科学问题展开，是拟解决的问题的预想答案。研究目标通过内容加以分解，可以分为总目标与分目标，是整体与部分的关系，分目标不宜过多，应与研究内容匹配。研究目标要具体、条理清晰，不能太大，切忌空洞。

研究内容是研究目标的结构性呈现，是为了实现目标而开展的研究工作，要回答在课题中研究什么问题，是对拟研究最核心问题的概括。研究内容中应体现申请者的主要观点，即围绕研究假设展开。研究假设，是申请者根据理论分析与研究基础，对事物的原因与发展所做的推测。假设的建立既可以是因果关系，也可以是相关的关系。研究的开展即是通过各种方法及论据，对假设进行论证。

研究内容应聚焦提出的科学问题，从不同角度、层次、范围或水平展开，一般为3~5部分，其中重点内容1~2部分。对于重大项目（或一些重点项目），一般要设置子课题。子课题的设置应源自对研究题目核心概念的组合，对课题总目标的分解和对研究内容的逻辑组合，不能出于工作流程或方法的考虑人为设置。子课题应以结构化的方式呈现，总课题与子课题的关系应和总目标与分目标之间的关系对应，各子课题之间应在内容上形成有机的、相互支撑的体系，各子课题要有相对独立的简要研究方案。

在撰写研究内容时，应注意以下几点：一是重点突出，详略得当，研究内容不能过于庞大，尤其是不能长篇累牍而淹没主要观点，需要适当地展开；二是观点鲜明，具体确切，主要观点要有一定的新颖性和创新性，不能一般论述，要有吸引人的地方；三是要保持标题、目标与研究内容的一致性，根据目标设计具体研究任务。

（3）研究方法与思路框架

研究方法是研究开展的手段，研究目标的实现和研究内容的展开都需要通过合适的研究方法。在撰写过程中，可以通过研究方法将研究内容串起来，形成指向研究目标的路径。关于具体的研究方法，宜采用先进、实用的技术方法。研究方法的确定，首先，要有理论的支撑，通过理论分析选择合适的方法；其次，要明确操作定义和实施程序。具体研究方法应依据目标和内容的需要而选择，依据解决问题的需要而改造，如果选择多种方法相结合，要考虑好各方法之间的相互关系和顺序。申请者应当将做法叙述清楚，要根据实际的研究调整或改造已有的相关方法，改造时应注意遵循所选方法的基本规范。

就方法类别而言，主要包括实证类方法、思辨类研究、混合方法三类。

实证类方法，即通过数据和模型或案例验证提出的假说。目前，实证类研究比较多，具体又可分为量化研究（调查、实验）和质性研究（个案、行动）两种。

调查和实验是数据获取的两种手段，是有目的、有计划、有系统地搜集有关研究对象现实状况或历史状况的材料的方法。农业经济领域的很多研究均是通过调查开展的。在撰写调查方法时，要写明调查的方案；近年，在社会科学领域，实验方法也日益受到推崇，但是实验方法操作要求多、难度相对大，它是研究者在研究基础上提出假设，通过设计严密的流程加以检验和证明，应遵从变量控制的基本规范，重视数据的采集、分析和解释，进而将实验结果应用于同类实践加以验证。

质性研究，是对研究现象进行深入的整体性探究，从原始资料中形成结论和理论，通过与研究对象互动，对其行为和意义建构获得解释性理解的一种研究活动，在人类学研究、民族研究等领域应用较多。质性研究注重人与人之间的意义理解、交互影响、生活经历和现场情景，在自然状态中获得整体理解的研究态度和方式。

质性研究中，有一种方法为行动研究，它指在实践中进行研究，或者把实践设计为研究，将"研究设计"嵌入实践计划，研究内容并入实践内容，研究方法隐于实践步骤，并保持研究的相对独立性。此外，研究者有时还会用到反思方法。所谓反思方法，是指研究者对经典个案进行结构化的重塑，对散乱体会加以理论化的概括，基于既有思考进行再思考，以及对个人核心理论、观点进行演绎。

第二类是思辨类方法，主要包括经验总结（经验收集、经验整理）和理论推演（系统思维、生态理论）等。这是比较传统的研究方法，在目前的学界研究中应用较少，但是并没有完全放弃。

第三类混合方法，是指质性方法与量化方法的混合设计，多被用来增加证据、拓宽及深化研究。混合研究方法是目前学界非常新颖的研究方法，但在实际操作中的难度也较大，如何把握好混合的度非常重要。关于混合研究方法的应用，国内外学界也有比较成熟和优秀的课题案例，可以查找和借鉴。

研究目标、内容与方法应形成一个完整的框架，思路框架即对如何完成这一研究而做出阐释，是实施研究内容的具体的、可执行的工作方案和流程。在思路框架中，需要通过理论分析与实证方法说明如何证明研究假设，如何开展研究内容。思路框架的书写要清晰、整洁，申请者对研究路径的每一步骤要阐述清楚并确保其具有可操作性。思路框架，也称为技术路线，因此往往用一个流程图进行总结，图中应包括研究的理论基础，各部分内容、步骤顺序、相互之间的关系，手段方法以及拟解决的问题等。

（4）研究重点与难点

研究的重点和难点有一定区别，不能一概而论，但重点和难点又有联系，有时不能截然分开。研究的重点问题是根据研究目标提出的关键问题，在理论和方法上具有普适性的重点内容，一般是突破瓶颈的问题。研究的难点一般是研究开展中理论和实践层面中较难解决的问题。研究的重点难点也应与前文研究目标、研究假设保持逻辑上的一致性。

（5）研究计划与预期成果

研究计划，依据项目的思路框架对研究内容进行阶段性安排。研究计划一般以年为单元，一个工作单元可以并列安排不同子课题任务，每一研究单元的研究内容应具体、可行，并有明确、具体、客观的进度考核指标。对于有特殊要求的研究内容，如大规模实地调研，应合理安排时间进度。各工作单元之间应具有连续性，层次分明、有机衔接。

在项目组构成方面，要科学搭配各层次人员，合理分配工作内容，每位成员应根据各自研究特长而分工，因各自的研究工作而体现相应成果。如果申报国家重大招标课题，申报者应保证首席专家的研究时间和精力投入。

申报书的预期研究成果应写明成果形式、使用去向及预期社会效益等。成果形式一般包括理论体系、知识产权（论文、著作、研究报告等）和人才培养（博士后、研究生等）。需要注意的是，预期成果不能与研究目标重复，二者的侧重点不同。

（6）可行性分析

可行性分析是对项目实施进行的分析和自我评价，应从理论和实践两方面展开。首先阐述研究思路在理论上是否可行，然后分析研究方法和研究方案是否可行，数据和相关资料是否可以获得，最后分析已掌握的研究方法与技术手段、已取得的成绩、项目工作条件、项目人员梯队和基本素质等是否能满足项目需要。文字表述应简明、具体、准确，字数不宜过多。可行性分析中涉及研究基础和工作条件的内容应简要，避免与后面的研究基础与工作条件重复。

（7）研究特色与创新之处

本部分主要阐述本课题在学术思想、学术观点、研究方法等方面的特色和创新。研究的创新，一般可归纳为理论和方法的创新。理论创新是指新的学术思想、观点等，方法创新则指申请者对于解决问题提出新方法、新途径。需要注意的是，一般性的概念、意见、建议通常不属于"创新点"。创新点应在充分查阅文献的基础上提出，不宜用"率先""首次""填补空白"等字眼，避免"综合研究""多层次研究"等空洞提法。创新点不宜过多、过大，一般写1～3条，创新点过多会失去真实性或被认为实施困难。

（8）研究基础与工作条件

研究基础是指与申请项目相关的研究工作积累和已取得的研究工作成绩，旨在说明申请人有完成项目研究的基础与能力。研究基础，主要包括以下几方面内容：一是申请人的主要学术简历、学术兼职，在相关研究领域的学术积累和贡献等。二是与申请项目直接相关的前期研究成果、核心观点及社会评价等。研究成果包括著作、论文、报告和获奖等，需要写明成果的基本观点，同行评价和社会影响。三是已掌握的与申请项目相关的技术方法和已获得的数据资料等。

部分项目会要求申请人列出承担的其他项目及其与申请项目的关系。除研究基础，申请者可在这一部分适当增加关于研究团队工作条件的介绍，主要包括依托单位具备的资源条件（图书文献资源、学科平台、重要设备等）、依托单位在该领域给予的支持、团队已具备的研究条件和资源（研究队伍、工作场地等）、已有的合作条件（与其他机构的合作、与协作单位的联系等）。

（三）项目申报的关键

项目申报的关键是围绕一个好的科学问题展开研究，并清晰准确地阐明研究方案。一般而言，确定一个好的"科学问题"等于成功了一半。在选题上应注意研究问题的科学性与创新性，即在对社会经济发展有价值的领域开展研究，提出一个有创新性的、合理的目标，能够利用先进、可行的技术或方法完成这一目标，能够有相应的研究基础支持目标的实现。概括来说，一个好的科学问题就是需要探索的科学问题，有完整数据支撑的科学问题，能够基本解决的科学问题。

当然，一个好的科学问题，也要用科学的学术语言表述出来。在研究表述上，应注意形式的规范性与语言的准确性。申请书的撰写从最基本的"字"

开始，每一个字都不是可有可无的，如摘要有严格的字数限制，又需要涵盖各基本要素，就要做到"增一个字嫌多，减一个字嫌少"，要对每一个用字的内涵进行斟酌、对比。句的写作应做到简约精练，语言通顺，用最精简的语言合乎逻辑地阐释最丰富的含义，尤其要注意"的"等虚词的使用，很多句子中的虚词都可以删去，删去后可以提升句子的科学价值，也更符合学术写作的规范。

申请书的每个段落都要有观点，一般通过中心句来反映，其他句子对中心句形成合理的支撑。段落的长度也要合理。两三行的段落难以全面阐述本段的含义，往往反映申请者没有足够的积累与思考；超过半页的段落会造成中心含义不明确，可读性下降，说明申请者难以说清研究问题。另外，段落内容不能重复。如果某个词或短句反复出现在段中，会显得段落内容重复，申请者语言匮乏，可以通过更改语序、重构句式来调整。

完成每一部分后，需要对申请书进行整体设计。一是要检查申请书的逻辑性与结构性。如按照演绎顺序，先提出科学问题，后设计研究方案，先进行理论分析，后进行实证检验，每一部分出现的顺序都需要合乎逻辑，层层推进。二是突出要点，显示项目的重点内容，切忌平铺直叙。如在选题依据部分，突出研究的重要性、创新性和必要性，在叙述背景时穿插进去，阐明与现有研究的区别；在其他内容中，尽可能紧紧围绕研究目标撰写，在全文树立一个明确的研究目标，研究内容、研究方法、研究基础等各部分均支持这个目标，这样项目的研究重点就会突出。三是保持前后一致。申请书撰写过程中，各种说法和叙述始终要保持一致，特别是在反复修改后，更要注意前后说法的一致性。前文提到的事项，后文一定要有对应的解决办法，如前文提到的研究目标与内容，后文要有对应的研究方法。四是通读全文，排版纠错。反复阅读全文，做到没有错别字；要进行排版，做到格式统一，美观大方；图文并茂，相互补充，以便准确清晰地阐释研究思路；注意申请书的布局，避免内容之间出现大片空白，避免将标题放在前一页的最后一行。

上述这些看起来琐碎，但是每一个细节都反映了申请人的严谨性和科学性，不可马虎。评审专家和资助方是不会将一个重要研究项目委托给一个马虎的申请人的。

三、社科类科研项目的组织实施

社科类科研项目的开展实施需要有明确的工作制度，在项目申报、开展及结项各个阶段，要求各相关管理单位及项目申请人有效协作，具体如下：

（一）召开项目启动会

项目资助立项后，项目组要按照申请书的设计，组织项目组成员召开项目启动会，进行成员工作的明确分工和各项工作的准备等工作。对于重大项目，一般是在项目资助方的指导下，在项目依托单位相关管理部门的直接组织或参与下，由项目负责人对整个项目的计划安排进行汇报和说明，进一步明确项目组的成员分工。一些大型项目往往也会聘请本领域的知名专家作为咨询顾问，为项目的执行提供指导。当然，在项目启动会上，项目资助方会提一些建议或要求，项目依托单位也会就本项目的开展提出单位的一些支持措施。

对于一般项目，启动会主要由项目组内部自己组织，主要任务是进行人员分工、进度安排和任务的具体落实等。

（二）建立科学的协作制度

首先，要明确工作制度。一项科研项目由多人分工完成，有分工就需要管理和协调，因此相关工作制度就成为完成工作的重要规则。一般可以采取"责任制"的形式，在项目研究计划书中每位成员都有相应的任务分工，各司其职的"责任制"可以很好地保证研究工作的顺利开展和按时完成。相关制度包括：定期例会制度、不定期的专题研讨制度（根据成果进度确定）、数据共享和使用制度、成果署名和著作权（版权）规定等。

其次，要严格进度控制。项目首席专家或负责人要严格把控总项目进度，各子课题项目负责人根据投标书进度有序组织开展项目工作。通过建立工作交流群、组织线上线下会议、专家会谈等多种方式定期开展交流，讨论阶段性进展、存在的问题及解决措施，确保项目按期进行。

（三）搜集科学完整的数据

科学完整的数据是确保项目实施的重要条件。研究数据来源主要包括项目组组织的一手调研数据、其他研究团队的调研数据和国家统计年鉴等官方发布数据。

调研数据的收集主要包括以下几个步骤：第一，设计调研问卷。根据研究问题、研究目标和研究内容，设计调研问卷。问卷中必须涵盖实证模型中需要的全部变量或因素，并且还应有相应的拓展。问卷中也应有部分开放的问题，以搜集实践中的真实问题。第二，设计调研计划。主要包括撰写调研手册、招募调研员和试调查。第三，组织开展实地调研。根据科学抽样原则确定调研地点，根据经费和人员确定调研问卷数量，并开展实地调研，调研问卷要妥善保存。第四，数据整理。录入、整理收回的调研数据，形成数据库并备份存档，以便进行数据分析。

目前有很多研究团队将其数据公开共享，也有一些机构发布其调研的数据公开共享，如果使用这些公开的数据，要说明这些数据与项目研究内容的吻合性，要全面了解这些机构或课题组调研的目的、意图以及这些数据的不足。

当然，对于来自《中国统计年鉴》《中国农业统计资料》《中国农业年鉴》《全国农产品成本收益资料汇编》等等官方发布的数据，其科学性是没有疑问的。在联合国粮食及农业组织和世界银行等国际机构也有一些权威数据，但使用时也要了解其采集的方法和数据的科学性。

（四）完成相关研究报告

在项目执行过程中，会涉及多种类型的报告。工作报告，主要是向项目委托方、依托单位管理者以及项目成员等随时通报项目的进展或阶段性成果，便于各方了解和监督，也便于相关成果的随时转化和应用。阶段性研究报告，是随着项目的开展，随时取得的部分成果；可以由项目负责人协调进行专题研讨，包括聘请课题组外的相关专家；可以向期刊投稿，也可以向有关决策部门提交。专题性报告，主要是就某个专题，由整个项目组联合攻关，或若干成员联合研究完成，服务于项目任务书中的"研究重点"部分；它和阶段性研究报告的不同，主要体现在后者是随时的甚至是没有提前计划的。项目总报告和子课题报告，是项目中的任务报告，需要按照计划按时按质完成。

（五）组织研讨会，发布相关成果

在项目开展过程中，需要定期组织召开研讨会，总结阶段性成果，并针对阶段性问题提出解决方案。在尽量控制会议的前提下，一般至少也要召开中期和结题前两次研讨会。中期研讨会的主要内容可以涉及项目进度情况、成果总结、存在的问题及项目未来开展调整等方面，主要目的在于明确项目进度，总结阶段性成果并对后期项目的开展进行部署。结题研讨会的主要内容主要涉及项目成果的研讨、项目实施总结和有关成果的发布等方面。当然，对项目开展过程中形成的各类成果，可以随时通过多种媒体渠道发布，实现其社会价值，也可以视情况组织专题的成果发布会，扩大成果的影响力，发挥成果的社会效益。

（六）完成结题

项目执行中，项目负责人要与资助机构建立密切的联系，并根据要求按时将成果和相关材料提交资助方机构，报送相关部门。其中，结题报告应根据要求填写，注意书写格式，内容科学准确。在项目结题后，也应维持好三方面的关系，第一，团队各成员之间的关系。要保持紧密的学术联系，不定期交流座谈，继续跟踪相关研究。第二，与本领域专家的关系。在项目执行过程中，有不少团队外的专家会参与到项目的研讨或验收等工作中，研究团队应积极保持与这些专家的关系，扩展团队的研究网络。第三，与项目资助方的关系。即使项目结题后，当有新的相关的成果完成后，也应及时提交资助方，通过将新的研究想法与资助方沟通，争取获得连续的或滚动的资助。

农业科研项目管理改革与创新

主讲人：苗水清

博士，副研究员，现任中国农业科学院直属机关党委副书记。多年从事科技人才、科研管理、发展规划、农业经济研究等工作，参与农业农村部研究课题和调研活动多项；牵头编制《中国农业科学院重大使命和"十四五"重点任务清单》《中国农业科学院"十四五"科学技术发展规划》，参与创新工程制度创设、农业增产增效技术集成模式研究等工作。主持科技项目4项，以第一或通讯作者在《农业经济问题》《农业科技管理》等发表论文10余篇，起草农业科技管理类文稿百余篇。获农业农村部软科学优秀研究成果三等奖。

科研项目管理是科研院所内部治理的关键一环。近年，随着国家不断加大对科研的投入，国家各部门也加强了对科研项目和经费的管理，同时，探索实施了一系列科技计划改革举措。农业科研院所一方面积极申请承担国家科技计划项目，组织优势科研力量高水平实施，一方面大胆探索内部自主性科研任务管理机制与模式，以高水平的科研项目管理推动创新能力不断提升和创新成果不断涌现。

一、充分认识农业科研的独特规律

科研工作是探索未知的创造性劳动，人的因素是第一位因素。健全符合科研规律的科技管理体制和政策体系，首要的是重视科研工作中"人的因素"，承认人才和智力劳动的价值。农业科研还有其独特性。一是长周期性。农业科研的研究对象是动植物生命活动的高级的复杂运动，研究周期与生物有机体的生长周期密不可分，大多数项目的研究都需要较长的时间周期，无法通过加班加点或者组成几个并行团队缩短研究时间。二是多学科属性。农业系统是复杂巨系统，产业问题背后的科学问题往往涉及多学科、链条很长，需要多领域、多学科的专业人员共同合作。三是不确定性和高风险属性。农业科研面临较大的自然风险、市场风险等，具有很大的不确定性。这就决定了农业科研要充分依靠科学家，要进行多学科协同，要大团队作战，要稳定投入、持续支持，要破除"四唯"倾向，科学评价科研进展与价值，避免急功近利。迫切需要强化重大农业科研基础设施、全国重点实验室等农业战略科技力量建设，构建起与创新链相匹配的平台支撑体系"营盘"，夯实农业科技创新的"硬"基础。迫切需要吸引聚集培养优秀人才，营造创新效率得以充分释放、创新活力大幅激发、创新能力不断提升、创新成果持续涌现、国家需求不断得到满足的创新生态。

二、国家科技计划项目的管理创新

科技计划项目是推动科学研究、解决经济社会发展和国家安全重大科技问题的重要手段。当前，我国农业科研项目主渠道是科技部的重大专项、重点研发计划，国家自然科学基金委各类项目，农业农村部的现代农业产业技术体系。农业科研立项模式比较成熟，一般采取组织专家编制指南、公开发布、竞争择优或定向委托的方式遴选承担团队。

"十三五"以来，国家深入推进中央财政科技计划管理改革，突出战略导向、统筹布局、简政放权、竞争择优，强化顶层设计，打破条块分割，统筹科技资源，着力解决当前及未来发展面临的重大科技问题，取得显著成效。总的来看，当前国家科技计划实行分类别、分层次管理，全链条设计，一体化实施，推动跨部门、跨行业、跨区域的协同攻关，达到了瞄准国家目标、聚焦重大需求、优化配置资源、破解科技瓶颈的目的。

（一）熟悉国家科研项目申报流程

科研管理部门根据科研计划及项目主管部门要求，将项目申请相关信息及时通知科研人员，及时组织相关人员申请立项，并负责本单位项目申报的动员、组织与申报材料的收集、预审。项目申请人应按照有关项目指南及申请办法的要求认真填写申报材料，上报科技管理部门审核，必要时由单位学术委员会进行初审。项目的合作协议（合同）经科技管理部门审核，报单位领导审批后，与合作方正式签署。

科研单位组织申报国家自然科学基金项目工作流程：根据国家自然科学基金委总体部署，科研管理部门发布项目申报通知并统计申报意向，为申报人开通基金系统账号，申报人撰写申请书；科研管理部门组织专家召开项目申请指导会，就本单位项目申请书的格式、立题意义、项目技术的可行性、项目参与人员、经费预算等方面进行指导并提出修改建议；申报人对申请书修改并提交基金管理系统，科研管理部门开展申请书形式审查，完善后的项目申请书在截止日期前提交基金委。

科研单位组织申报国家重点研发计划项目工作流程：科研管理部门统计并反馈项目指南征求意见情况，当科技部正式指南发布后，组织本单位科研人员进行项目预申报，通过国科管系统为申报人开通账号，申报人撰写预申报书；科研管理部门组织专家对预申报书进行指导，申报人将预申报书提交系统后，单位管理员审核，当通过科研单位审核及专业机构审核后，报送材料；预申报结束后申请人撰写正式申报书（包含预算申报书），科研管理部门组织专家对正式申报书进行指导，申报人将完善好的正式申报书提交系统，单位管理员审核并提交，待专业机构审核后报送材料，科研管理部门组织专家对申报人进行预答辩，对申报人答辩过程进行专业指导，待申报人正式视频答辩结束，申报环节完成。

（二）强化实施单位法人责任和信用意识

严格落实项目实施主体责任。项目牵头单位要承担法人责任，形成有效的组织体系架构、管理制度和保障措施。项目牵头单位应建立高效协同、分层管理、分工明确的组织管理体系，按项目、课题、任务三层级，技术、行政、财务三条线，实行"三纵三横"立体化管理。要健全科研诚信管理体系，完善监督约束机制、调查处理规则及奖惩制度，确保课题任务保质保量完成，确保整个项目目标的实现。

强化项目任务的分类管理。对基础研究类、前沿类项目以及大动物育种等长周期项目，可面向创新优势明显的科研院所实行定向委托，侧重探索新原理、新方法、新规律，强化过程管理，确保项目及课题目标方向明确、技术路线清晰、经费使用合规，鼓励创新、包容失败。对重大应急技术及"卡脖子"技术攻关等项目，可采取"揭榜挂帅"方式，提出任务"张榜"，吸引人才"揭榜"，实行经费"包干制"，赋予科学家更多技术决策权、资源调配权，简化过程管理，但要确保解决关键科学问题。对共性关键技术类等项目，可面向不同单位、不同创新团队采取赛马制等方式，鼓励科研人员采取不同技术路线奋勇争先，围绕行业共性问题开展技术联合攻关，产出可转化应用的成熟技术或产品。

各项科研项目经费专款专用，独立核算，按合同或计划开支，并按国家有关规定进行监督和检查。所有科研项目经费必须转入科研单位财务账户，由科研单位统一管理。科研经费到账后，由科研管理部门会同财务管理部门根据合同计划，填写经费下达表，填表内容包括拨款通知单、日期、项目名称、到款金额、应扣除的管理费及实际下达经费数，并将经费分配情况及时通知项目负责人。项目经费由项目主持人负责使用，在财务制度规定范围内，根据项目合同合理使用。科研协作费需按照协议和批准权限，由科研管理部门审核，报单位分管领导签署后支付。项目负责人应及时了解、掌握科研经费的使用和结余情况，保证经费按计划合理使用。加强科研项目内控管理，在项目任务执行进度、经费分配使用、人员调整等方面建立管理和监督机制，运用信息化手段，进行常态化的自查自纠。科研项目经费纳入项目实施单位科研信息公开内容，在一定范围内及时公开预算安排和执行情况，接受监督。项目完成后，按照项目主管部门的要求进行项目总结验收。项目验收通过后，将有关材料提交科研管理部门和单位档案管理部门归档管理。

（三）中国农业科学院的项目管理情况

一是聚焦"国之大者"积极策划申请国家科技计划项目。聚焦科技前沿、国家战略需求和产业瓶颈，加强农业科技前沿态势分析研判和国家农业科技中长期发展战略研究，积极提供政策咨询和决策建议。多渠道听取战略科学家、行业领军人才、基层一线代表意见，配合主管部门凝练科技需求、设计科研任务。充分发挥产业部门科研院所的主业、主导、主责作用，紧紧围绕种子、耕地、生物安全、农机装备、绿色低碳、乡村发展等"国之大者"组织策划国家科技计划项目。

二是加强需求凝练，充分梳理学科创新基础。根据研究所优势学科的创新基础，多措并举，有重点、有目标地抓好重点学科建设与整合，形成优势学科领域，不断提升影响力。项目凝练和申报阶段，要确保项目立项方向与产业需求相适应。要系统深入分析本行业本领域的产业现状、发展趋势和科技需求。同时，要注重统筹全国优势科研力量，切实解决产业发展中的重大科技问题。

三是构建目标明确、定位清晰的科研项目管理体系。申请科研项目要聚焦国家重大战略部署和重点工作安排，契合经济社会发展核心关键科技需求，全链条设计、一体化组织，促进产业链、创新链、资金链、政策链深度融合，建立更加集中统筹、精准高效、科学规范、公正透明、监管有力的科研项目管理机制。及时发布科研项目申报通知，提前统筹项目申请安排，及时制定计划，通过多种渠道、多种方式使本单位科研人员充分知晓，增加科研人员申报准备时间。

四是简化项目过程管理。减少科研项目实施周期内的各种评估、检查、抽查、审计等活动，项目的评估应以信息化手段为主，保证在规定时间节点前完成项目执行进度、专项资金支出等内容，对重大类项目应提前制定管理工作计划，加强监督检查统筹，避免对同一项目重复检查。

三、新型科研项目管理方式改革

"十四五"国家农业科技管理部门大胆创新项目管理方式，实施了"揭榜挂帅""省部联动""青年科学家项目"等项目管理方式创新。

(一) 揭榜挂帅制

早在 2016 年，习近平总书记就提出，关键核心技术攻关可以搞"揭榜挂帅"，英雄不论出处，谁有本事谁揭榜。政府工作报告、中央 1 号文件多次提出在关键核心技术突破、重点攻关项目"揭榜挂帅"，提出谁能干就让谁干。目前我国在项目形成、考核评价等组织管理中，仍存在战略目标聚焦不够、管理评价不科学等突出问题，亟须创新管理方式。"揭榜挂帅"可有效突破纵向委托方式中的申报资格限制，极大地发挥"鲶鱼效应"，打破论资排辈的板结生态。该制度唯成果兑奖的资助方式，使得科技工作者和管理部门由重立项转为重成果，变入口竞争为出口竞争，变全程管理为目标管理，促进企业等技术需求方与科研院所、高校等技术供给方无缝对接。此外，通过设立明确的悬赏目标，可以更大程度激发创新动力，结果导向也规避了多维度科技评价带来的诸多不确定性，使得绩效分配更加透明公正。

围绕农业领域"卡脖子"技术攻关，已经试行"揭榜挂帅"制度，加大对非共识、变革性、原始创新性研究的支持力度。已启动实施的国家核心种源"卡脖子"技术攻关，试行由科研单位、企业共同揭榜挂帅制度，瞄准农业领域共性关键或瓶颈技术，制定科技发展路线图，按照产业化创新模式集中攻关，将科技资源集中到国家重大需求和短板技术上来，加快自主产权重大品种选育和关键核心技术攻关突破。

(二) 青年科学家项目

为给青年科研人员创造更多机会，国家重点研发计划设立青年科学家项目。根据领域和专项特点，采取专设青年科学家项目或项目下专设青年科学家课题等多种方式。青年科学家项目不下设课题，原则上不再组织预算评估，鼓励青年科学家大胆探索更具创新性和颠覆性的新方法、新路径，更好地服务于专项总体目标的实现。

中国农业科学院 2021 年设立青年创新专项，"十四五"期间预计投入 1 个亿，每年遴选 30 名左右 35 岁以下的青年科研人员，鼓励引导青年人员开展前沿性、原创性、颠覆性、非共识性研究，造就一批有望进入世界农业科技前沿的优秀青年科学家。

（三）部省联动项目

部省联动机制是"十四五"科技计划管理改革的重要内容，突出目标导向、成果导向、应用导向和场景驱动，体现了贯彻中央决策部署、契合地方迫切需求、顺应农业科研规律的内在要求。实施部省联动，有利于统筹全国和区域人才资源，集成中央和地方创新力量，解决地方急需解决但靠自身力量难以解决的重大科技问题。农业农村领域实施部省联动机制将有力推动国家重大目标与地方需求、优势力量紧密结合，解决区域性农业重大需求，实现资源联动、管理联动、成果应用联动。

（四）长周期研发项目试点

农林领域重大品种培育周期长，如大动物品种培育周期一般需要 15 年左右，而且需要持续不断的种群更新。一个研究周期内各环节相互衔接、紧密贯穿，既不能停顿中断也不能推倒重来，研究中断将会导致研究进程回归原始水平，必须保持科研工作的连续性和稳定性。针对农林科技创新的长周期属性，国家科技主管部门正在探索长周期稳定支持机制，开展长周期研发项目试点。通过长周期、足量的科研经费资助，持续稳定支持国家级科研机构开展基础研究、关键技术研发和产品创新创制，推动突破卡点、补上短板、做强优势，形成创新高地和竞争优势，逐步产出颠覆性技术创新。

项目拟突破 5 年实施周期，设定 10 年为一个支持周期，并视阶段性目标完成情况进行滚动支持，依托单位和项目负责人应当保证参与者的稳定。这将大大缓解农业科研工作长周期性与科技项目短期资助之间的矛盾，让科研人员可以安心地开展工作，全心从事本领域的专注方向，将更多时间和精力用来去思考如何做出原创性的重大成果。

四、中国农业科学院科技创新工程稳定支持模式探索

2013 年，在财政部、农业农村部支持下，中国农业科学院启动实施国家农业科技创新工程。创新工程实施以来，中国农业科学院建立了使命牵引、兜底支持、团队攻关、贡献导向的自主性科研任务管理实施机制，全方面提升了创新能力与创新效率。

（一）建立使命清单制，解决干什么的问题

中国农业科学院作为国家队，定位是解决国家农业农村发展中的重大科技问题。创新工程实施之前，科研人员围着项目转。创新工程实施后，科技任务主要由科研团队和研究所"自下而上"提出，缺乏全院层面基于"四个面向"的统一谋划，建立使命清单牵引的科研任务的产生机制非常迫切。

2021 年，中国农业科学院紧紧围绕国家战略需求和"三农"重大部署，聚焦"国之大者"，凝练提出保障粮食安全与重要农产品有效供给、推进农产品优质安全与营养健康、强化耕地保护与质量提升、推进动植物疫病防控与生物安全、推动农业绿色与可持续发展、加快农业机械装备高质化与智能化、加强农业前沿科学探索、加快农业新兴与交叉技术创新、夯实农业基础性长期性工作、推动乡村振兴与区域发展等 10 项重大使命，并围绕十大使命凝练提出"十四五"期间的 78 项重点任务清单，作为全院科研人员矢志奋斗的职责任务和目标方向，正式启动实施使命清单制。通过使命清单牵引、长期稳定支持、团队协同攻关、贡献导向评价激励，统领全院各创新单元进一步明确使命定位，聚焦主责主业，做强长板优势，补齐短板弱项，破解农业农村重大科技问题，服务国家重大战略需求，以高水平农业科技自立自强支撑乡村全面振兴和农业农村现代化。

使命清单作为一项基础性、根本性制度创设，为科研活动组织、科技资源配置、科技成果评价、科技人才考核等提供前置条件。科研人员可以围绕职责使命，主动谋划、长期攻关、潜心科研，有利于实现从"被动、跟随"科研向"自主、引领"科研的转变。

（二）实施三级任务制，解决怎么干的问题

创新工程实施以来，中国农业科学院建立了科研团队的组织模式，探索实施了"院—所—团队"三级任务管理模式，将科学家、科研团队、研究所、中国农业科学院的创新目标高度融合，与国家使命、科学前沿、产业需求紧密结合起来。在院层面，集中力量实施一批联合攻关重大科技任务。由科技局依据科技发展战略研究、主管部门委托、紧急突发产业问题等提出选题建议，经院学术委员会咨询评议后列入科技发展规划或重大任务拟支持清单。再根据任务清单组织相关研究所编制实施方案，明确攻关目标、技术路线图和时间表，经院常务会议审议通过后组织实施。实行学术和行政"双首席"领导制度，组织跨学科、跨研究所优势科技力量开展联合攻关，集中科技资源倾斜支持，高效推进任务实施，力争尽快取得一批原创性、突破性成果。在研究所层面，由研究所根据学科定位进行顶层设计，提出所级重点攻关任务，择优选择所内科研团队协同实施，举全所之力进行重点培育。在团队层面，由团队首席根据学科方向，重新梳理凝练团队重点任务，明确发展目标。团队任务重点体现学科方向下的前瞻性、储备性、长期性研究，可以有一部分自由探索的选题，但不能偏离团队学科方向。院、所、团队三级任务管理，自上而下、联合攻关、重点突破。

（三）简化过程管理，为科研人员松绑减负

制定《中国农业科学院科技创新工程重大科研任务管理办法（试行）》，在重大科技任务实施中，充分发挥牵头研究所和团队首席的自主权，让牵头研究所和领衔科技专家有更大的技术路线决策权、更大的经费支配权、更大的资源调动权。同时，强化跟踪管理，开展科研进展评议和科研任务动态管理，对进展较大的科研任务予以经费增量支持，对进展滞后的科研任务予以经费调减，对完成阶段性目标的科研任务和连续两年进展滞后的科研任务予以结题。

开发科研管理信息系统，实施院—所—团队三级任务的在线填报、数据共享、一表多用等功能，大幅提高管理服务效率，逐步实现所有业务在线运行、所有人员在线管理、所有表格数据报告自动生成，"让信息多跑路、人才少跑腿"，切实减轻科研人员和管理人员事务性负担。

建立以信任为前提的科研监督体系。遵循农业科研规律和人才成长规律，建立自由探索和颠覆性技术创新活动免责机制，合理区分改革创新、探索性试验等无意过失与明知故犯、失职渎职等违纪违法行为，激励优势领域科学家继续攀登科学高峰，勇于深入"无人区"。

（四）完善评价激励机制，破解"四唯"问题

遵循科研规律，改进科技评价方式。科学设置评价周期，克服评价考核过于频繁的倾向，减少对科研工作不必要的干扰。突出中长期目标导向，适当延长基础研究等评价考核周期，鼓励持续研究和长期积累。建立健全基础研究看原创水平、应用研究看产业贡献、成果转化看市场认可的评价体系，引导科研人员把主要精力放在科研上、回归科研本源，引导科研团队真正按照"四个面向"要求，做国家需要的创新，形成潜心、安心、专心科研的良好创新生态。同时，实施更有竞争力的、差异化的人才激励政策。对承担重大科研任务的人才给予特殊薪酬，对做出突出贡献的人才给予重奖，对支撑人才、转化人才、优秀博士后给予特殊支持，不断激发全院各类人才的创新创造创业活力。

五、高度重视科研诚信与科技伦理建设

（一）科研诚信管理体系

科研诚信作为科技创新的基石，是实施创新驱动发展战略、实现世界科技强国目标的重要基础。我国的科研诚信问题虽然早就引起了政府和社会各界的高度关注，国家也为此出台了许多措施、完善了许多机制，但学术不端行为仍时有发生，调查机制还不完善，联合惩处有待强化，公开透明程度尚需提高。

1. 科研诚信与学术道德

在政府层面，1999 年科学技术部、教育部、中国科学院、中国工程院、中国科协联合发布了《关于科技工作者行为准则的若干意见》，对科技工作者的政治素质、业务能力和道德修养提出要求。2006 年 11 月，科学技术部颁布了《国家科技计划实施中科研不端行为处理办法（试行）》，明确界定科研不端行为，并加强了科技不端行为的惩罚力度。2009 年 8 月，科学技术部等发布

了《关于加强我国科研诚信建设的意见》，确立了科研诚信建设的指导思想、原则和目标，提出要完善科研诚信相关管理制度、推进科研诚信法制和规范建设、加强科研诚信教育、完善监督和惩戒机制，共同营造科研诚信环境。

在教育界层面，2002 年 2 月教育部印发《关于加强学术道德建设的若干意见》，要求加强对广大教师和学生的学术道德教育，增强其献身科技、服务社会的历史使命感和社会责任感。2005 年 1 月印发了《关于进一步加强和改进师德建设的意见》。在此基础上，一些高等院校相继修订或制定了教师学术道德守则，从教师的角度加强学术道德和社会责任意识。2016 年 9 月教育部出台《高等学校预防与处理学术不端行为办法》，对学术不端行为的教育与预防、受理与调查、认定、处理、复核、监督等程序做出明确规定。国内高等学校纷纷结合学校实际和学科特点，根据此办法制定了各高校的学术不端行为查处规则和处理办法，有力推进了我国高校科研诚信与学术道德建设。

2018 年 5 月，为全面贯彻党的十九大精神，培育和践行社会主义核心价值观，弘扬科学精神，倡导创新文化，中共中央办公厅、国务院办公厅印发了《关于进一步加强科研诚信建设的若干意见》，以推进科研诚信建设制度化为重点，从预防、管理、惩治、保障等多个环节，对推进科研诚信制度化建设、明确科研诚信主体责任、推行科研诚信承诺制、创新科研分类评价机制、加强科研诚信宣传教育、严肃查处学术不端行为等方面工作做出具体部署，着力打造共建共享共治的科研诚信建设新格局，营造诚实守信、追求真理、崇尚创新、鼓励探索、勇攀高峰的良好氛围。

2. 科研信用管理

近年，随着国家越来越重视社会信用体系建设，科研信用管理摆在了科技计划管理体制改革的突出位置。2004 年 9 月，科学技术部正式发布《关于在国家科技计划管理中建立信用管理制度的决定》，作为我国科技信用建设的指导性文件，推进了我国科技信用体系建设。在随后出台的《国家中长期科学和技术发展规划纲要（2006—2010）》中，明确提出了要进一步推进科技信用管理制度建设，完善科研评价制度和指标体系。国务院印发的《社会信用体系建设规划纲要（2014—2020 年）》提出，要"加强教师和科研人员诚信建设，探索建立教育机构及其从业人员、教师和学生、科研机构和科技社团及科研人员的信用评级制度"，并将科研人员的信用评价与科研项目立项、专业技术职务评聘、岗位聘用、评选表彰等挂钩。

2007年，科学技术部联合其他十部委首次建立了科研诚信建设联席会议制度，研究制定科研诚信建设的重大政策，加强科研失信行为的监督和约束。各主管部门也分别成立了科研诚信相关机构，如科技部科研诚信建设办公室、教育部学风建设委员会、国家自然科学基金委员会监督委员会、中国科协科技工作者道德与权益专门委员会等，专门从事科技信用建设工作，共同构成了我国科技信用管理运行系统。2008年11月，《国家科学技术奖励条例实施细则》提出，对参加评审活动的专家学者建立信誉档案，实行评审信誉制度。2011年7月起，国家科技重大专项项目课题承担单位与参与人员均需要签订科研诚信承诺书。2014年3月，国务院出台了《关于改进和加强中央财政科研项目和资金管理的若干意见》，明确把"完善科研信用管理"作为29条之一，加强科研项目和资金监管。

当前，科学技术部已探索建立了全国联网的科研学术信用数据库和信息共享平台，对个人和团队开展学术信用等级评价，并将诚信记录与科研项目申请挂钩；建立信用信息公开披露制度，扩大公众对科技信用管理的知情权、参与权、监督权。同时各省市科技管理部门也在积极探索和开拓创新，均出台了针对科技计划相关责任主体的信用管理和各类科研不端行为调查处理等办法。

3. 学术不端行为的处罚

目前，科学技术部已经开始采用"黑名单"制度，将严重不良信用记录者记入"黑名单"，阶段性或永久取消其申请中央财政资助项目或参与项目管理的资格。2018年底，国家发展改革委等41个单位联合印发《关于对科研领域相关失信责任主体实施联合惩戒的合作备忘录》，明确了联合惩戒对象为在科研领域存在严重失信行为，列入科研诚信严重失信行为记录名单的相关责任主体；细化了科研诚信建设联席会议成员单位采取的惩戒措施和跨部门联合惩戒措施，并说明了联合惩戒的实施方式和如何进行动态管理等事项。

2018年中国农业科学院制定《中国农业科学院科研诚信与信用管理暂行办法》和《中国农业科学院学术道德与学术纠纷问题调查认定办法》，从预防、管理、惩治、保障等多个环节，对全院科研诚信和信用体系建设作出具体部署。院属34个研究所将科研诚信工作纳入常态化管理，实施科研诚信承诺制度、论文成果审核制度、科研过程追溯制度等具体条款，明确管理责任，强化内部监督，加强教育预防，切实提高相关责任主体的信用意识，初步形成了院所两级、职责分明的监管体系。

（二）科技伦理治理体系

科技伦理是伦理思想在科学研究和技术开发等科技活动中的应用，是科技活动应当遵守的价值准则和行为规范。科技伦理治理是现代科技发展的重要保障，也是现代社会治理的重要内容。当前世界正兴起新一轮科技革命和产业变革，从基因编辑到人工智能，从生物技术到 3D 打印，不同领域和层面的技术创新与应用层出不穷，在释放技术红利的同时，也带来新的科技伦理风险和科技治理层面的新挑战。从近年科技创新领域的一系列新进展和新动态来看，强化科技伦理审查、捍卫科技伦理，已具有相当的紧迫性。2017 年 11 月，被称为世界首例的头颅移植手术实验由中外医生联合在哈尔滨实施，引发普遍的医学伦理担忧。2018 年 11 月，南方科技大学贺建奎宣布世界首例免疫艾滋病的基因编辑婴儿诞生，立即引起巨大的伦理质疑。其实，不只在医学和生物科学领域，近年来备受关注的人工智能的发展，也始终伴随着伦理上的不确定性。因此，科学家只有承担伦理责任，才能促进科学技术事业的不断进步。

我国科技伦理治理始于 20 世纪 80 年代末，从最初传统的"做了再说"治理模式逐步发展成为现代的"适应性治理"方式，为国家科技进步与创新提供了重要保障。

1. 科技伦理法律制度

一是在法律层面，2007 年修订的《中华人民共和国科学技术进步法》明确规定，禁止危害国家安全、损害社会公共利益、危害人体健康、违反伦理道德的科学技术研究开发活动。2021 年出台的《中华人民共和国生物安全法》规定，从事生物技术研究、开发与应用活动，应当符合伦理原则；从事生物医学新技术临床研究，应当通过伦理审查。二是在法规层面，2019 年国务院颁布的《人类遗传资源管理条例》规定，采集、保藏、利用、对外提供我国人类遗传资源，应当符合伦理原则并按照国家有关规定进行伦理审查。三是在操作层面，科学技术部和原卫生部联合印发《人胚胎干细胞研究伦理指导原则》，科学技术部发布《生物技术研究开发安全管理办法》《关于善待实验动物的指导性意见》，卫生健康委印发《涉及人的生物医学研究伦理审查办法》，农业农村部印发《农业转基因生物安全评价管理办法》等。2022 年 3 月，中共中央办公厅、国务院办公厅印发《关于加强科技伦理治理的意见》，提出伦理先行、依法依规、敏捷治理、立足国情、开放合作五项基本要求，并进一步明确科技伦理五大原则：增进人类福祉、尊重生命权利、坚持公平公正、合理控制风险、保持公开透明。提出从事生命科学、医学、人工智能等科技活动的单位，研究内容涉及科技伦理敏感领域的，应设立科技伦理（审查）委员会；从事科技活动的单位要建立健全科技活动全流程科技伦理监管机制和审查质量控制、监督评价机制，加强对科技伦理高风险科技活动的动态跟踪、风险评估和伦理事件应急处置。

2. 科技伦理工作机制

一是加强国家基金和科技计划的伦理审查机制建设。2018 年，国家自然科学基金委发布《关于进一步加强依托单位科学基金管理工作的若干意见》，要求建立完善科研伦理和科技安全审查机制，防范伦理和安全风险。2019 年，科学技术部、财政部联合印发《关于进一步优化国家重点研发计划项目和资金管理的通知》，要求相关项目承担单位建立伦理审查委员会，加强审查和监管。二是强化人类遗传资源的科技伦理管理。科学技术部设立了中国人类遗传资源管理办公室，加强对人类遗传资源的伦理监管。三是建立了医疗卫生领域的伦理审查体系。卫生健康委建立了国家医学伦理专家委员会、省级医学伦理委员会及医疗卫生机构（高校）伦理委员的分级伦理审查体系和分级监管的伦理审查监管体系。2020 年，国家卫生健康委医学伦理专家委员会办公室、中国医院协会发布了《涉及人的临床研究伦理审查委员会建设指南（2020 版）》。四是加快科技伦理治理体系建设。2019 年，中央全面深化改革委员会第九次会议审议通过了国家科技伦理委员会组建方案，对建立国家层面的科技伦理委员会作出了系统部署，明确国家科技伦理委员会负责指导和统筹协调推进全国科技伦理治理体系建设工作。

党的十九届四中全会通过的《中共中央关于坚持和完善中国特色社会主义制度推进国家治理体系和治理能力现代化若干重大问题的决定》，明确要求"健全科技伦理治理体制"。2021 年 5 月，习近平总书记在两院院士大会上讲话指出，科技是发展的利器，也可能成为风险的源头，要前瞻研判科技发展带来的规则冲突、社会风险、伦理挑战，完善相关法律法规、伦理审查规则及监管框架，为我国进一步完善科技伦理治理体系提供了根本遵循。2021 年 9 月，习近平总书记在中共中央政治局第三十三次集体学习会上强调，要加强生物实验室管理，严格科研项目伦理审查和科学家道德教育。

3. 涉农单位科技伦理管理

相较于医学领域单位，涉农单位科技伦理目前主要以农业实验动物管理为主。中国农业大学、华南农业大学、华中农业大学等农业高校均成立实验动物管理委员会、实验动物福利与伦理委员会，建立农业实验动物伦理审查制度，对农业科研过程中涉及动物伦理问题的选题及实验设计进行审查，审查通过后方可申请立项实施。

4. 中国农业科学院科研伦理建设

2013 年，出台了第一个科研道德方面的规范性文件《中国农业科学院科研道德规范》。2016 年，中国农业科学院学术委员会下设学术道德委员会，负责指导全院科研道德建设工作和不端行为的监督处理。2020 年，将科研伦理纳入风险防控点，加强基因编辑技术、动物营养与饲料科学、食物营养、实验动物等领域科研项目与科学实验的科研伦理审查，构建院—所—团队为主体的三级风险防控体系。

六、对青年科技工作者的几点建议

申请科研项目是青年科研人员独立科研能力的必要训练，是提升科学问题认知、研究思路构建、研究方法选择、科研活动组织实施等方面能力的重要途径。一要提升基金项目申请能力。国家自然科学基金一般资助的是基础研究和应用基础研究，各省也设置了科学基金类项目。申请科学基金最主要的是聚焦前沿，培养创新思维。其中，选题要处于学科前沿，而且有重要的意义；研究内容要有系统性、创新性；研究手段要先进。二要提升重大项目策划能力。随着科研工作的积累，要积极参与并尝试牵头申请国家级重大科技项目，这是对自己科研组织能力的训练和考验。在申请国家重大科技项目过程中，要特别注重项目前期策划，深入领会国家科技政策和"三农"政策，紧紧围绕国家和行业需求，把最新的理论和技术方法，正确、恰当地运用到科技创新中。同时，注意与国内外优势科研单位的联合，更充分地发挥各自优势，围绕一个重大科技问题集智攻关，集中突破关键瓶颈。三要自觉维护良好科研环境。尊重科研伦理、恪守学术规范，坚决反对弄虚作假、剽窃抄袭、篡改数据、粗制滥造等不端行为。破除"四唯"倾向，不满足于发"小文章"、得"小奖励"、过"小日子"，在项目、经费、职称、奖励、荣誉等竞争中，不说情、不打招呼，共同营造更加公开透明、公平公正的评审环境。

调查研究"五法"

主讲人：韩青

中国农业大学经济管理学院教授、博士生导师。国家自然科学基金和教育部人文社科项目评审专家。主要研究方向为农业市场与政策、农产品质量安全管理等。为本科生和研究生讲授《社会经济调查方法》《食物经济学》等课程。曾主持完成国家自然科学基金、国家软科学、国家重大研究基础专项、北京市自然科学基金面上项目、北京市社会科学基金、原农业部软科学课题等。以第一作者在《中国农村观察》《中国农村经济》《农业技术经济》《中国人口·资源与环境》以及 *Journal of Faculty Agriculture Kyushu University* 等国内外期刊上发表论文 30 余篇，出版著作《中国农产品质量安全：信息传递问题研究》。

调查研究是人们在社会实践中对客观实际情况的调查了解和分析研究，是辩证唯物主义认识论在实际工作中的具体运用，也是我们党的优良传统和作风。马克思主义的世界观、方法论，党的实事求是的思想路线和从群众中来、到群众中去的根本工作路线，都要求我们特别是党的领导干部必须持续抓好调查研究这一谋事之基、成事之道，必须不断提高调查研究的能力。在2020年秋季学期中央党校（国家行政学院）中青年干部培训班开班式上，习近平总书记勉励全国干部特别是年轻干部要具备七种能力，调查研究能力是其中重要能力之一。因此，探析调查研究的含义及作用、一般程序和类型、方法等问题，从学理上深化调查研究的理论认识，从实践上提高调查研究的实际能力，进而指导农业青年科技人才客观分析新时代"三农"工作所面临的新变化、新特点，做好"三农"调查研究工作，具有重大的理论意义和实践价值。

一、调查研究的含义及作用

1. 调查研究的含义

调查研究由调查与研究两部分内容组成。"调查"是指为了了解情况进行考察（多指到现场）。"研究"是人们认识世界的一种自觉的行动，研究的实质是人们发现问题、寻求解释和解答问题的全过程。调查研究是人们在社会实践中对客观实际情况的调查了解和分析研究，进而从社会现象中寻找本质及其发展规律，探索改造社会、建设社会为目的的一种自觉的认识活动。

2. 调查研究的作用

调查研究是我们做好每一项工作的基础，任何工作都离不开调查研究。早在1930年，毛泽东在《反对本本主义》中就提出"没有调查，就没有发言权"；此后，邓小平、江泽民、胡锦涛、习近平等党和国家领导人都不断强调调查研究的重要性，指出领导干部要以身作则，"从实际出发，分析问题、解决问题""没有调查，就没有决策权""调查研究是我们的谋事之基、成事之道""调查研究不能走过场"等。

调查研究是正确认识世界的根本路径。调查研究的直接目的是了解世界真实情况，认识自然和社会现象的本质及发展规律。所谓"实践出真知"，只有勇于实践，在实践的基础上反复调查研究，才能逐渐接近事实，认清事物的本质和规律性。因此，没有调查研究就没有科学理论的产生和发展。

调查研究为科学施政奠定基础。制定科学的政策离不开调查研究。中国改革开放、建设具有中国特色社会主义道路的政策都是在改革实践中反复调查研究的结晶。只有对改革实践的过程和结果进行系统周密的调查研究，才能保证政策有效的执行。

调查研究是培养开拓性人才的基本道路。通过调查研究，可以改造人们的主观世界和认知能力，提高人们认识、分析和解决问题的能力。开拓性人才具有思想解放、实事求是、勇于创新、与时俱进等特征。开拓性人才的这些特征是与他们重视调查研究和善于调查研究分不开的。

调查研究是端正党风、政风、学风的重要对策。调查研究特别是社会调查研究，通过密切联系实际和联系群众，有利于了解基层实际情况，察社情，体民意，抑制脱离实际、脱离群众和官僚主义的工作作风，还有助于把理论和实际结合起来，进而克服主观主义、教条主义和经验主义的学风。

二、调查研究的一般程序和类型

1. 调查研究的一般程序

调查研究的主要任务，一是认识现象的真实情况，二是研究现象的因果联系，三是探索现象的本质及其发展规律。调查研究是从一定的问题出发，通过对客观事物深入调查，以全面了解事物发展的来龙去脉。通过对收集来的资料经过"去粗取精，去伪存真，由此及彼，由表及里"的逻辑整合，进而探求事物的真相和规律。调查研究的具体步骤如下：

第一，准备阶段。准备阶段的主要任务是选择调查课题，进行初步探索，提出研究假设，设计调查方案，组建调研队伍等。其中，正确选择调研课题是做好调查研究的首要前提。选择调研课题需要考虑各种因素，如课题研究的理论意义、应用价值，课题研究的科学性、创新性、可行性和研究者具备的主客观条件等。

第二，调查阶段。调查阶段主要任务是按照调研设计的要求，做好调研对象资料的搜集工作。一方面，调研阶段要选择正确的调研方法。目前主要调研方法有问卷调查法、实地观察法、访谈调查法、文献调查法和实验调查法等。以上调研方法具有各自的优劣势和适应性。另一方面，要顺利完成调研任务，需要做好协调工作，注意争取得到被调查地区或者单位组织的支持和帮助，同时密切联系被调查者，以便获得他们的理解和合作。

第三，研究阶段。这个阶段的主要任务是审查、整理和统计分析调查资料。在调查中，不仅需要收集材料，而且还需要对材料进行甄别和加工。审查资料是对调研的各种资料进行复核，鉴别资料中的错误和缺失等情况，进而保证资料的真实性和完整性。统计分析是运用统计学的原理和方法研究社会现象之间的相关关系，探求事物的发展方向和发展规律等。

第四，总结阶段。这个阶段的主要任务是撰写调研报告，评估和总结调研工作。通过对材料的分析研究，进而总结和展示调研成果，发挥社会调查功能。

2. 调查研究的类型

按照不同的分类标准，调查研究可分为不同的类型。

依据调查范围，分为全面调查和非全面调查。全面调查是指对调查对象总体的全部单位进行的调查。如普查，我国开展的人口普查、经济普查和农业普查等都属于全面调查。非全面调查是指对调查对象总体中的一部分单位进行的调查。如典型调查、抽样调查等。

按照调查的次数，分为一次性调查、经常性调查和追踪调查。

按照调查的空间，分为区域性调查、全国性调查；城镇调查、农村调查；平原调查、山区调查；农区调查、林区调查和牧区调查等。

按照调查的目的，分为政治性调查、行政性调查、学术性调查和应用性调查等。政治性调查主要是以改变国家或者重大社会制度、政策为主要目的而进行的调查。行政性调查主要包括由国家和各级政府部门所进行的人口调查、资源调查、社会概况调查等，如全国人口普查。学术性调查是以学术研究为主要目的而进行的调查，广泛应用于社会学、政治学、人口学、经济学、教育学、传播学等社会科学学科领域。应用性调查是为解决社会中所存在的各种社会问题进行系统的调查，如青少年犯罪调查、离婚问题调查、老年社会保障问题调查、子女教育问题调查等。

三、调查研究方法

（一）问卷调查法

1. 概念

问卷调查法是调查研究中的一种常用的用来收集资料的工具。调查者根据一定的目的，采用统一设计的问卷向一个总体中被选取的调查对象了解情况或征询意见，从而获得研究的资料和数据的调查方法。

2. 问卷调查法的分类

问卷调查按照不同的分类标准可分为不同的类型，目前最主要的分类方法是根据问卷填答者的不同将调查问卷分为自填式问卷调查和代填式问卷调查。自填式问卷调查是调查者本人填答的问卷，问卷直接面对的是被调查者。自填式问卷调查可分为送发问卷调查、集体填发问卷调查和网络问卷调查。代填式问卷调查是由调查者按照统一设计的问卷向被调查者当面或者电话访问的形式进行调查。按照与调查者交谈方式的不同，代填式问卷调查可分为访问问卷调查和电话问卷调查。由此，问卷调查有以下五种类型。

送发问卷调查：指调查者派人将问卷送给规定的调查对象，等被调查者填完后再派人回收问卷的调查方法。

集体填发问卷调查：指选择学校、社区中心、县乡政府办公所在地、村民委员会的一处场所，调查者将调查对象集中到一起发放问卷，并对问卷的相关内容进行解释，由被调查者当场填答，完成后由调查者收回问卷。

网络问卷调查：指在网络上发布调研信息，并在互联网上收集、记录、整理、分析和公布网民反馈信息的调查方法，是传统调查方法在网络上的应用和发展。

访问问卷调查：指调查者按照统一设计的问卷向被调查者当面提出问题，然后由调查者根据被调查者的口头回答来填写问卷的调查方法。

电话问卷调查：指调查者通过电话按照统一设计的问卷向被调查者提出问题，然后由调查者根据被调查者的电话回答来填写问卷的调查方法。

除了以上问卷调查方法，还有通过邮局向被调查者寄发问卷的邮寄问卷调查和随报刊传递到被调查者手中的报刊问卷调查。但这两种调查方法用到的较少，这里不予详述。

3. 问卷的一般结构

问卷调查的特点在于其规范性和标准化，一份问卷从内容到形式都要求有一定的规范性。问卷的形式要很正式，不能只让人看到问题和可供选择的答案。一般来说，一份完整的问卷除了问题与答案，还要有题目、封面信、填答说明等。

（1）题目

题目是对调查内容的高度概括。问卷的题目要简明扼要，突出重点，既反映出调查研究内容是什么，又能说明调查对象。如"农民视角的新农村建设调查问卷""留守儿童生活状况调查问卷"。

（2）封面信

封面信是对问卷调查的简要介绍，目的是让被调查者在较短时间内了解调查的组织者、调查的目的和基本内容等，使被调查者能知晓调查的有关情况，消除顾虑，以便更好地配合调查。自填式问卷调查的问卷必须要有封面信，而代填式调查的问卷可以省略封面信，因为调查者和被调查者在当面访谈时会对调查有直接的交流。封面信一般包括以下内容：调查的目的、内容和意义；关于匿名的保证；调查者的单位或组织名称和调查时间。现将有关"农村合作社研究"调查问卷的封面信示意如下。

尊敬的农民朋友：

您好！

我们是中国农业大学的研究人员，我们正在进行一项关于农村合作社的调查研究，目的是了解和反映目前农民参与合作社的情况、农村合作社在农业生产中发挥的作用和存在的问题等，以便就如何促进合作社的发展向政府和有关部门提出建议。您的回答对我们的研究非常重要，希望能够得到您的支持与协助。

我们的调查采取匿名方式进行，不留姓名和住址，请您不要有什么顾虑。您只需根据自己的实际情况和想法回答问卷中的问题就可以。

谢谢您的支持与合作！

中国农业大学农村合作社研究课题组

2022 年 4 月

（3）填答说明

填答说明主要是告诉被调查者如何正确填写问卷，对问卷中的问题、回答或填写方法、要求、注意事项的文字性说明。在问卷中，为了引起填写者的注意，一般要用加粗或使用黑体等方式将填答说明表示出来，填答说明可繁可简，如：

> 请您根据自己的实际情况和想法回答问卷中的问题，在合适答案的序号上打"√"，或者在横线上直接填写答案。除特殊说明，一个问题只选一个答案。

（4）问题与答案

问卷中的问题与答案是问卷的主体部分，从内容到形式都很重要。从形式上来看，问卷中的问题可以分为封闭式问题和开放性问题。封闭式问题是指问题被提出来之后，问题的所有可能答案或几种主要可能答案全部被罗列出来，让被调查者在列出的答案中进行选择的问题设计方法。开放性问题是指题条设计中仅仅包含问题，而不包括备选答案的题型，问题的答案由被调查者自由填写。

（5）其他资料

其他资料包括编码、被调查者的地址或单位（可以是编号）、访问员姓名、访问开始时间和结束时间、访问完成情况、审核员姓名和审核意见等。这些资料是对问卷进行审核和分析的重要依据。

4. 问卷调查法的优缺点

（1）优点

第一，问卷法能突破时空限制，节省时间、经费和人力。问卷法可以在很短的时间内同时调查很多人，因此采用这种方法收集资料具有很高的效率。问卷法的这一优点是许多调查研究人员采用问卷法收集资料的主要原因之一。从调研费用上看，由于它既不需要雇用大量的调查员，又不需要派遣调查员分赴各地，所以它比进行一项同等规模的访问调查所需的经费要少得多。

第二，自填式问卷调查法具有很好的匿名性。在面对面的访谈中，人们往往难于同陌生人谈论有关个人隐私、伦理道德、政治态度、社会禁忌等敏感性问题，这样，研究者就难以得到真实的社会资料。但是，当研究者采用自填问卷来收集资料时，由于问卷不要求署名，填写地点可以在被调查者自己家中，填写时又可以保证无其他人在场，所以可以大大减轻回答者的心理压力，有利于他们如实填答。从这一方面看，问卷法的匿名性对于客观地反映现实的本来面貌、收集真实的社会信息很有好处。

第三，问卷法所得的资料便于定量处理和分析。调查研究的定量化是当前调查研究的趋势之一。在用计算机做统计分析工具的条件下，问卷调查法是一种大容量、高效率的定量调查方法，这也是其他调查方法所不具备的。正因为如此，问卷调查法在需要进行定量研究领域中的应用范围越来越广。

第四，问卷法可以避免主观偏见，减少人为误差。在问卷调查中，由于每个被调查者都是以同样的方式在大致相同的时间内得到问卷，并且这些问卷在问题的表达、问题的先后次序、答案的类型、回答的方式等方面是完全相同的，所以，无论是在哪个方面，他们所获得的信息都是一样的。这样就能很好地避免由于人为原因所造成的各种偏差，减少主观因素的影响，得到较为客观的资料。

（2）缺点

第一，不能了解生动、具体的情况。问卷调查法只能获得书面信息，而不能了解生动、具体的情况。因此，问卷调查法绝不能代替各种直接的调查方法。特别是对于那些新事物、新情况和新问题的研究，问卷调查法是很难单独完成的。

第二，缺乏弹性，很难做深入的定性调查。问卷内容设计是统一的，调查所询问的问题和封闭型回答方式的答案都是固定的，这就很难适应复杂多变的实际情况，很难对问题进行深入探讨和定性研究。尤其是问卷设计一旦出现重大缺陷，整个调查就将受到严重损失，甚至完全失去调查的意义。

第三，调查资料的真实性及调查质量不容易得到保证。被调查者填写问卷时，往往没有调查人员在场，因而他们填写问卷的环境无法控制，他们既可以同别人商量着填写，也可以和其他人共同完成，甚至还可能完全交给别人代填。另外，当被调查者对问卷中的某些问题不清楚时，也无法向调查者询问，因此往往容易产生误差、错答和缺答的情况。以上情况使得问卷调查所得资料有时并不能真实地反映被调查者的情况，且质量不容易得到保证。

第四，问卷回收率有时难以保证。问卷调查必须保证一定的问卷回收率，否则资料的代表性和价值就会受到影响。由于问卷能否完成和能否收回在很大程度上取决于被调查者，所以当被调查者对该项调查的兴趣不大、态度不积极、责任心不强、合作精神不够时，或者由于受时间、精力、能力等方面的限制无法完成问卷时，问卷的回收率，特别是有效回收率就会受到影响。

第五，问卷调查要求被调查者具备一定的文化水平。填写问卷的人首先必须能看懂问卷，能理解问题的含义，能明白填答问卷的方法。由此，问卷调查客观上要求被调查者必须具有一定的文化程度。但是，现实中并不是所有的人都能达到这种文化程度，因此问卷法的适用范围常常受到限制。对于那些文化程度普遍较低的群体，问卷调查往往难以进行。

（二）实地观察法

1. 概念

实地观察法是调查研究的基本方法之一，是指观察者深入实地，有目的、有计划地利用感觉器官或是科学的观察仪器，能动地了解处于原始真实现象的方法。

2. 实地观察法的分类

按照不同的分类标准，可以将实地观察法分为不同的类型，具体分类如下：

参与观察与非参与观察：参与观察又称局内观察，是指观察者参与到观察对象所处的社会经济群体中，通过与观察对象在同一社会经济群体中共同活动，从内部获得一些观察信息。按照参与程度的不同，参与观察又可以分为完全参与观察与不完全参与观察。完全参与观察是指观察者在不暴露自己身份的前提下，真正参加到观察对象所在的社会团体或社会活动中，对观察对象进行全面的了解。例如，观察者与农民工一同参与务工活动，来获取相关的信息就是完全参与观察。不完全参与观察指的是观察者在暴露身份的前提下，参与到观察对象所处的社会经济群体中，以此获得一些观察信息的活动。例如，上级机关干部到基层检查或指导工作，并实地考察基层实际情况就是不完全参与观察。非参与观察又称局外观察，是指观察者没有参与到观察对象所处的社会经济群体中，也未与之共同活动，而以一个局外人的身份进行观察。

结构式观察与非结构式观察：结构式观察又称有控制的观察，是指在观察过程中需要严格执行相应的观察计划和程序，对观察内容、观察场地、观察工具和观察结果的记录方式都具有统一的规范和标准要求，要求观察结果具有较高的标准化程度，以便进行量化和对比分析。非结构式观察无须制定严格统一的观察计划、内容和程序，观察者依据观察目的，通过对观察对象发散式的观察，以获取相应的观察信息。非结构式观察能够给予观察者更大的发挥空间，充分发挥其创造性和主动性，适合在探索性调查研究中使用。除了结构式观察和非结构式观察，还有一种在标准化程度介乎二者之间的半结构式观察可供选择。

直接观察与间接观察：直接观察又称现场观察，是指通过对现实存在的观察对象或正在发生的社会现象的观察来获取相应信息。上述的参与观察和非参与观察、结构观察和非结构观察都属于直接观察。间接观察又称实物观察，是指通过对过去某一个阶段的社会现象的载体的观察，来间接了解过去某一个阶段的社会情况。比如，观察者通过对农村基础设施建设情况的观察，来判断村庄的经济发展水平和居民生活状态；通过对史书的观察，了解古代的人文风貌、社会发展。

3. 实地观察法的具体步骤

在实地观察法的实施过程中，可以分为准备阶段、实施阶段和整理阶段。其中，在准备阶段需要依据观察目的，确定观察对象、观察内容、观察程序以及观察时间和地点等要素，并选用合适的观察方式；在实施阶段，观察者要深入实地，依据观察目的和内容，以一定的观察方式对观察对象进行观察，并如实记录观察过程；在整理阶段，主要是对观察所获得的数据资料进行审核、分类和汇总，方便后续研究。

4. 实地观察法的优缺点

实地观察法最大的优点是通过与观察对象的直接接触，获取大量、具体和生动的一手资料，观察者深入实地，直接观察处于自然状态下的社会经济现象，保证了观察资料的真实性和可靠性。实地观察法强调观察者单方面的活动，在对不适合或不需要语言沟通交流的社会现象进行观察时，能最大限度地避免因观察沟通不畅造成的干扰。此外，实地观察法在观察时间、观察人员设置等方面的灵活性较强，进入观察地点就能产生相应的感性认识。

实地观察法的缺点有：在进行实地观察时，由于观察活动由个人行为完成，不可避免地会受到人的主观意识的影响，造成观察结构具有一定的主观性；由于观察活动是在特定的时空条件下进行的，这样的观察结构可能带有一定的偶然性和片面性；实地观察法的实施需要一定的人力、物力和财力的支持，观察活动容易受到上述因素，以及观察对象相对分散和交通不便等条件的限制，难以开展大规模、综合性的调查，仅适合专题性、小规模的调查，不适合宏观调查，只适合微观调查。

（三）访谈调查法

1. 概念

访谈调查法也称访谈法、面谈法，是调查研究中最基本也是最普遍的一种方法，往往与实地调查法结合使用。访谈调查法通常是指访谈员通过与访谈对象面对面交流的方式来获取调查所需信息，因其能够与访谈对象直接接触，并依据访谈情况及时调整访谈方案，所以能够比各类间接调查法了解到更加精确、具体和丰富的调查信息。

2. 访谈调查法的分类

依据调查内容、调查性质和调查对象的差异，依据一定的标准，可将访谈调查法分为以下几种类型：

标准化访谈与非标准化访谈：标准化访谈又称结构式访谈，是指按照事先统一设计的、具有一定结构的调查问卷，对调查对象进行封闭型或开放型访谈的方法，大型微观数据库多采用此种方法收集数据。这种标准化的访谈方法在问卷题目的设置、提问方式、提问顺序以及对访谈对象回答的记录方式都是有严格规定的，访谈员必须严格遵照一定的规则进行访谈活动，不可随意更改。标准化访谈的优点是便于数据的统计和定量分析，以及对不同类型访谈对象的情况进行比较分析。非标准化访谈也称非结构性访谈，是指在调查前无须制定严格的访谈程序，也无须设计统一的调查问卷，而是由访谈员依据一个粗线条的访谈提纲与调查对象进行相对自由的、开放式的调查访谈。在非标准化访谈中，调查员可依据被调查对象的交流情况进行拓展性的调查。非标准化访谈多用于对不熟悉的社会经济问题的调查以及大型标准化调查前的预调研中，重点访谈、深度访谈和非引导性访谈是其主要形式。

直接访谈与间接访谈：直接访谈，是指访谈员与调查对象进行面对面地访谈。这种访谈方式可以选择将调查对象安排到特定的地点进行访谈，也可以深入实地与调查对象进行访谈。相较前者，后者能够了解更多生动、丰富和有价值的社会经济信息。间接访谈，是指访谈双方没有面对面的交流，而是通过问卷、电话等其他网络通信设备来完成访谈活动。这种访谈方式具有便捷、省时省钱等优点，多用于补充调查。

浅度访谈与深度访谈：浅度访谈，是指访谈的内容比较简单、浅显，比较容易回答的一种访谈。例如，对于村人口、土地以及对于农户年龄、收入、生产规模的访谈，都属于浅度访谈，主要用于了解访谈对象的基本情况。深度访谈，是指访谈内容相对复杂、敏感的、需要经过一定思考的访谈。这种访谈大多围绕一个主题进行深入挖掘，主要通过调查对象了解一些区域社会经济发展规律，以及调查对象对一些事物或问题的主观感知或看法。深度访谈一般是无结构的、直接的、互动式的非标准化访谈。

个别访谈和集体访谈：个别访谈，是指访谈员与调查对象一对一地进行访谈活动。由于个体访谈的环境相对单纯，受外界环境的影响较小，适合开展有针对性的、深入的访谈活动。集体访谈，是指邀请众多调查对象在同一时空下进行访谈活动。集体访谈的重点是调查对象之间的互动，而非访谈员与调查对象间的互动。集体访谈时，调查对象间相互补充、相互启发和相互修正，可以获得更加系统全面、真实、可靠的信息。

3. 访谈调查法的程序

访谈调查的整个过程一般包括访谈准备、预备谈话、正式访谈和结束访谈四个阶段。其中，访谈准备阶段指在正式访谈之前，需征得调查对象所在地区派出所、街道、村民委员会和相关政府部门的同意和支持，方可开展调查活动；预备谈话阶段主要是进行自我介绍，说明调查目的和内容，请求调查对象的支持与合作；通过预备谈话阶段形成融洽的交谈氛围后，便可依据访谈提纲正式开始访谈；在获得较为满意的回答后，便可适时结束访谈，并表示可能需要再次回访或做补充调查，为后续调查活动打下基础。

4. 访谈调查法的优缺点

访谈调查法的优点有：第一，能够广泛地了解各种现象问题，既可以调查事实、行为等方面的问题，又可以询问观点、看法等主观问题；第二，能够通过与调查对象间的反复互动，深入探讨各类问题；第三，能够通过灵活多样的方法，有效控制访谈过程，及时排除各种访谈干扰；第四，通过对调查对象进行必要的引导和解释，促使调查者能够顺畅、准确地回答问题，有利于提高访谈成功率和确保调查质量。

访谈调查法的缺点有：第一，访谈调查的质量很大程度上取决于访谈员的素质和调查对象的合作程度，所获调查结果可能与真实情况有一定偏差，因此，要加强对访谈员的培训、对调查对象进行适当的引导和解释；第二，面对面访谈匿名性不强，调查对象会在有心理压力或其他顾及的情况下不愿回答或者回答得不真实；第三，由于访谈调查所获信息大多是一些口头信息，真实性和准确性难以保证，需进一步核实调查资料；第四，访谈调查法需要花费较大的人力、物力、财力，开展大范围调查的难度较高。

（四）文献调查法

1. 概念

文献，原指历史典籍，随着人类社会的发展，其内涵逐渐扩大，现在人们通常把一切记录人类知识的文字、图像、数字、符号、声频、视频等物体统称为文献。构成文献的基本条件有三：一是一定的知识内容，空白纸张、空白磁带等不是文献；二是一定的物质载体，人们头脑中的知识、口头传递的故事等不是文献；三是一定的记录方式，历史古迹、文物等有一定的知识内容，有一定的物质载体，但没有记录方式，也不是文献。

文献调查法，是指采用科学的方法搜集文献资料，摘取有用信息进行整理分析的调查方法。文献调查法既可以为一般调查寻找研究导向和理论基础，又可以作为独立的调查方法。

2. 常见的文献调查分析方法

（1）现成统计资料分析法

现成统计资料分析法是指利用官方或准官方的统计资料来进行研究，该方法注重现成统计资料的可信性，并需要说明资料的来源和历史背景，典型的资料如《中国统计年鉴》《中国人口统计年鉴》和《中国农村统计年鉴》等。

（2）二手资料分析法

二手资料分析法是指对那些由其他人原先为别的目的收集和分析过的资料

进行新的分析，包括运用同一资料从不同视角进行分析以及用新的方法和技术去分析别人分析过的同一问题，如当前被广泛运用的中国家庭追踪调查（CFPS）、中国家庭收入调查（CHIP）等。

（3）内容分析法

内容分析法是指对文献内容做客观、系统和定量的描述和分析，包括计词法、概念组分析和语义强度分析等多种类型。

计词法：首先，确定与研究问题有关的关键词，然后，统计这些关键词在各个文献样本中出现的频数和百分比，最后进行比较分析。如政府文件中"乡村振兴"出现数量的变化，可以推出政府对乡村振兴关注程度的变动。

概念组分析：由于单个词语的分析过于简单化，而利用主题词作为记录单位又不易划分主题的界限，此时可以利用概念组，将与研究内容相关的关键词分成小组，进行分析。如"玉米、小麦、粮棉、粗产品"等关键词可以划为"农产品"这一概念组。

语义强度分析：上述两种方法重点关注词语数量方面的差别，而语义强度分析则从质的方面给予解释。语义强度分析指的是对文献中选出的词汇给予不同的"强度数"以显示它们在使用时的差别。权重是由词汇的语义所决定的，如"爱"比"喜欢"权重高。区分词汇强弱程度的目的，是区分人们对某一社会经济现象或者行为的认可（或喜爱）的强弱程度。

3. 文献调查法的步骤

（1）文献搜集

首先，根据研究主题，确定文献搜集的内容范围、时间范围和文献类型；其次，做好前期准备工作，即与文献所在的单位或个人取得联系，并设计文献搜集的大纲；最后，根据拟定的方案搜集文献。

（2）文献整理

在完成文献搜集后，需要经过整理才能更好地为研究服务。要对搜集到的资料进行检查、核实，对错误和遗漏加以修正、补充，并进行分类编码和综合简化。

（3）文献解读

文献解读是获取文献资料中有价值信息的关键步骤，包括浏览、筛选、阅读和记录。

浏览是将文献资料普遍地、粗略地翻阅一遍，对资料有一个大致的了解，如"一目十行"的"扫描式"阅读、有选择的"跳跃式"阅读等。筛选是在浏览的基础上，依据调查研究的需要，将文献划分为必用、应用、备用和无用等几类。

阅读包括粗读和细读两类。粗读是了解文献的基本内容，并决定是否需要进一步精读。精读是"咬文嚼字"、循序渐进的阅读，全面掌握文献的实质内容，明确挑选出有价值的信息。

记录是将阅读所得有价值的信息记录下来，供进一步的文献分析，包括标记、批注、抄录、提纲、札记、复印和剪贴等方法。

（4）文献分析

根据记录的有价值的信息，可以进行定性分析和定量分析。定性分析，如介绍和评述别人观点的研究综述，以及在逻辑分析基础上进行理论架构等；定量分析是将非定量的文献资料转化为定量的数据，并依据这些数据进行分析。

上述过程并不是一种直线式的过程，有时候根据研究需要常常要重复其中某个过程，从而不断概括和明晰自己研究的问题，最终形成调查报告。

4. 文献调查法的优缺点

文献调查法的优点有：一是不受时间和空间条件的限制，可以了解古今中外的各类文献和那些无法接触到的研究对象；二是具有调查对象无反应的优点，不会受调查者主观好恶或外界条件变化的影响；三是相比实地观察、问卷调查等直接调查的方法更加方便易行，花费较少；四是可以作为其他调查方法实施的基础和前提。

文献调查法的缺点有：一是文献资料缺乏现实性，所获得的文献资料和现实情况可能存在一定差距；二是文献资料的客观性和真实性往往难以保证，受到撰写者个人素质的限制；三是存在文献资料难寻觅、有效资料难找齐的问题。

（五）实验调查法

1. 概念

实验调查法是指实验者按照一定的假设，通过改变某些自然或社会环境来检验某种理论假设，认识实验对象的特性、内在本质以及发展规律的调查方法。实验调查的基本要素包括：实验者、实验主题、实验假设、实验对象、实验环境、实验活动、实验效果、实验检测。

2. 实验调查方案的设计

在准备阶段，首先确定研究问题和研究目的，形成一个清晰的、可实施的问题陈述。其次，提出理论假设。对研究问题中各个变量进行选择和分析，并在变量之间建立因果模型和理论假设。最后，进行实验设计。选择实验场所、设备、测量工具，确定实验进程、控制方法和观测方式等。

在实施阶段，首先，选取实验对象，采取随机、指派法等方法进行分组。然后，实施实验。控制实验情境、引入（或改变）某些实验条件（或变量）、仔细观察、做好测量记录。

在资料处理阶段，整理分析资料，对观测记录进行统计分析，得出实验结果，验证实验假设。

最后，撰写研究报告。

3. 实验设计的主要类别

根据实验的组织方式不同，可以分为单一实验组设计、实验组控制组设计、多实验组或多控制组设计等，以下将借鉴文献材料，以案例的形式进行说明。

（1）单一实验组设计^(周应恒、霍丽玥、彭晓佳，2004)

案例名称：农产品质量安全信息对消费者质量安全农产品购买行为的影响

问题的提出：农产品市场上农产品质量安全信息的不对称。消费者对质量安全食品的质量安全程度认知水平较低，对质量安全食品的购买意愿也较低。

研究假设：农产品质量安全信息的有效传递会提高消费者对质量安全农产品的购买意愿。

实验设计：实验地点选择南京市六个城区的 12 个苏果超市和连锁店。实验对象为到这些超市购买猪肉的 570 位消费者。

实验实施：实验开始前，检测消费者对有机认证猪肉的购买意愿（前测）；然后，向消费者展示有机认证猪肉质量安全的详细信息（实验刺激）；最后，检测在引入有机认证猪肉质量安全信息后，消费者对有机认证猪肉购买意愿的变化（后测），如表 1 所示。

表 1   单一实验组实验设计

实验对象	前测	实验刺激	后测	实验效果
单一实验组	对有机认证猪肉的购买意愿	提供详细的有机认证猪肉质量安全信息	对有机认证猪肉的购买意愿	购买意愿的变化
	T_1	X	T_2	$T_2 - T_1$

整理分析资料：对观测记录进行统计分析，得出实验结果，检验假设，提出理论解释和推论。

实验结果：在进行实验刺激后，消费者对有机认证猪肉的购买意愿变化为 $T_2 - T_1$。

实验结论：在进行信息干预后，消费者受到有机食品质量安全信息的影响，其购买行为发生明显变化，若 $T_2 - T_1 > 0$，则为正向影响；反之，$T_2 - T_1 < 0$，则为负向影响。

单一实验组设计是最简单的实验设计，应用非常广泛，但所得实验结论可能存在偏误。因为现场实验无法将实验对象与社会彻底隔绝开来，实验对象会受到实验因素以外的影响。

（2）实验组控制组设计

实验实施：选择一批相同或相似的实验对象分别组成实验组和控制组，并使它们处于相似的实验环境之中；然后，对实验组给予实验刺激，控制组不给予实验刺激；最后，对实验组和控制组前后检测的变化进行对比，得出实验结论，如表 2 所示。

表 2   实验组控制组实验设计

实验对象	前测	实验刺激	后测	实验效果
	对有机认证猪肉的购买意愿	提供详细的有机认证猪肉质量安全信息	对有机认证猪肉的购买意愿	购买意愿的变化
实验组	T_1	X	T_2	$T_2 - T_1$
控制组	T_3		T_4	$T_4 - T_3$
	实验因素效果			$(T_2 - T_1) - (T_4 - T_3)$

实验结果：由实验组可知，实验因素和非实验因素的总体效果为 $T_2 - T_1$，由控制组可知，非实验因素的效果为 $T_4 - T_3$。那么，实验因素，即实验刺激

的效果为 $(T_2 - T_1) - (T_4 - T_3)$。

实验组控制组实验的优点在于能够分离实验因素和非实验因素的影响，对实验效应的评价更客观。但是，在现场实验中，可能无法保证实验组、控制组的实验对象与实验环境完全匹配或基本相似。

（3）多实验组或多控制组设计

在实验调查中，为检验多个实验因素（实验刺激）或控制不同非实验因素，可以进行多实验组或多控制组设计，即设置多个实验组或多个控制组。

实验实施：同样选择一批特征相似或相同的实验对象，分成两个实验组和一个控制组，保证实验环境相同或相似。对两个实验组给予不同的实验刺激，如实验组1给予有机认证猪肉加工和质检等环节的信息刺激，实验组2给予有机认证猪肉认证标准的信息刺激，控制组不给予实验刺激（表3）。

实验结果：通过上述实验设计可得不同类型的有机食品质量安全信息的实验效果，如给予加工和质检程序相关信息的实验刺激效果为 $(T_2 - T_1) - (T_6 - T_5)$；给予有机认证标准相关信息的实验刺激效果为 $(T_4 - T_3) - (T_6 - T_5)$。

表3 多实验组实验设计

实验对象	前测	实验刺激	后测	实验效果
	对有机认证猪肉的购买意愿	提供详细的有机认证猪肉质量安全信息	对有机认证猪肉的购买意愿	购买意愿的变化
实验组1	T_1	加工和质检程序 X_1	T_2	$T_2 - T_1$
实验组2	T_3	认证标准 X_2	T_4	$T_4 - T_3$
控制组	T_5		T_6	$T_6 - T_5$

多实验组设计可以验证不同类型实验因素的影响效果，但实验组越多，实验对象、实验环境的选择和匹配将越困难。

4. 实验调查法的优缺点

实验调查法的优点有：一是实验调查可以很好地找到引起事物特征变化的原因；二是可控制性强、动态性高，可以掌握大量第一手资料；三是可检测性和可重复性，实验结果和实验过程都可以检测和重现，实验结论可靠性高。

实验调查法的缺点有：一是实验对象和实验环境的选择难以具有充分的代表性，特别是实验组和控制组难以做到相同或相似；二是很难对实验过程形成充分、有效的控制，无法排除非实验因素的影响；三是消极的社会现象不能进行实验，具有伦理和法律上的限制；四是对实验人员的要求高，花费时间较长。

参考文献

江立华，水延凯，2018. 社会调查教程［M］. 北京：中国人民大学出版社.

李松柏，2011. 社会调查方法［M］. 杨凌：西北农林科技大学出版社.

刘明辉，卢飞，2021. 政府支持与农村产业融合发展：基于政府工作报告文本挖掘的分析［J］. 云南财经大学学报，37（4）：89-100.

吕亚荣，2018. 农村社会经济调查方法［M］. 北京：中国人民大学出版社.

谭祖雪，周炎炎，2013. 社会调查研究方法［M］. 北京：清华大学出版社.

袁方，2004. 社会研究方法教程［M］. 北京：北京大学出版社.

张克云，刘林，苟天来，2011. 社会调查研究方法［M］. 北京：中国农业大学出版社.

赵勤，胡芳，刘燕，2012. 社会调查方法［M］. 北京：电子工业出版社.

周应恒，霍丽玥，彭晓佳，2004. 食品安全：消费者态度、购买意愿及信息的影响：对南京市超市消费者的调查分析［J］. 中国农村经济（11）：53-59，80.

研究报告撰写技巧与
政策建议转化

主讲人：左停

现任中国农业大学国家乡村振兴研究院副院长、人文与发展学院教授、中国生态补偿政策研究中心副主任；获聘中国农业大学领军教授、高水平学术团队（社会保障与基本公共服务领域）带头人，公共管理专业博士生导师与马克思主义理论专业博士生导师。从事农村公共政策研究，主持国家级、省部级和横向项目近百项。主持国家社会科学基金重大项目"脱真贫、真脱贫跟踪评估研究"（18VSJ099），国家社会科学基金重大项目"建立和完善农村低收入人口常态化帮扶机制"（21&ZD177），国家社会科学基金重点项目"实现巩固拓展脱贫攻坚成果同乡村振兴有效衔接研究"（21AZD038）和北京社会科学基金重大项目"中国脱贫模式的成功经验及其对解决世界贫困问题的意义研究"（20LLGLA3）等。出版有《环境与贫困：中国实践与国际经验》《参与式农村扶贫与发展的新探索》等20余部著作，发表学术论文300余篇，多篇为《新华文摘》《人大报刊复印资料》《中国社会科学文摘》等全文转载。在《光明日报》等发表多篇时政论文，关于农业推广人员、低保和扶贫两项制度衔接、公益性岗位、四省藏区减贫、综合保障性扶贫、2020后的相对贫困问题等方面的10余项政策研究建议获得中央领导批示。

调查研究是谋事之基，研究报告则是实现调研成果转化为政策建议的成事之道。研究报告通常是在调查研究、实验研究、案例研究、政策分析和经验总结等基础上撰写而成，全面、系统和客观地呈现了调研成果全貌。好的研究报告的突出特点是"研在点子上，谋在关键处"，亦能增强工作的预见性、主动性以及对民生关切的回应性，进而促进研究成果转化为可行性的政策建议，这样前期的研究工作才会富有成效。

一、研究报告的选题与构思

选题是研究报告撰写的起点和开端，决定了研究报告的方向和目的。社会问题表现为普遍存在的社会现象，但社会现象并不一定发展成为社会问题，社会问题的形成需要满足以下几个条件：一种或多种社会现象涉及一定的空间范围，并持续一定的时间周期，对人们生活或社会发展存在显性或潜在的影响或威胁，引起一些社会群体的关注。社会现象的发展具有复杂性、动态性和不确定性的特征，需要通过推演和归纳等方法把握事物的现象表征与内在属性之间的联系，掌握影响某一社会现象向问题转化的重要因素。例如，贫困表现为收入水平低于满足基本生活的最低标准，在此基础上伴随着社会机会、教育、健康、文化、政治等社会资源和社会权利被剥夺的情况，通常会出现引发社会排斥和社会分层的不平等现象，这会进一步加剧个体的脆弱性和应对风险的能力不足，以及长期的不平衡不充分的问题，进而会引发社会矛盾和冲突。

政策问题是公共政策启动和制定的逻辑起点。公共政策的政策设计在预防和解决社会问题中发挥了积极作用，一般从政策执行中的效率、公平性、政策回应性等方面评估政策的执行效果。然而，公共政策执行偏差严重影响政策目标的实现。政策执行偏差是指执行者在实施政策的过程中，由于受主客观因素的制约，其行为效果偏离政策目标并产生了不良后果的政策现象，执行偏差通常与负面效应和不良结果相关联[①]，会进一步引发新的社会问题，需要科学的

---

① 许建兵，宋喜存，李慧芳，2016. 公共政策分析 [M]. 长春：吉林大学出版社 .

诊断政策走偏的根源，为矫正公共政策执行偏差、积极推动政策落地提供可行性方案；此外，由于政策问题的动态演变特性，公共政策的间歇和滞后则是一种客观的常态化现象，存在政策未覆盖或覆盖有限的社会问题，容易引发社会问题的集群性出现。如在脱贫攻坚的后期，剩余的贫困人口贫困程度相对较深，开发式扶贫的减贫效应渐弱，贫困人口的社会生理性致贫因素增强，农村低保对剩余贫困人口发挥的保障作用愈加明显，因此要求包括社会保障、社会权利救济在内的社会保护是为了减少因制度不一致造成的缝隙和叠加问题，扶贫与低保等其他社会保障制度进行衔接十分必要，以实现优势互补，形成脱贫攻坚合力①。脱贫攻坚结束后，当前农村低收入人口中，低保人员、特困人员、脱贫不稳定人口、边缘易致贫人口、突发严重困难人口是目前的监测和重点帮扶对象，除此之外，目前常规救助政策对于没有覆盖到的群体，如工作不充分的打零工者（农民工群体）、风险抵御能力弱的小微经营者等群体，关注度相对较低，他们面临支出型贫困的风险较大。

不同群体对社会问题的关注度和认知也存在差异。应该要认识到，很多政策研究选题有客观性，同时，各种选题也具有一定的主观性，因而要全面了解不同主体对社会问题的态度和观点，并做出合理的判断。例如秸秆焚烧是一部分地区农民的传统习惯和操作方便的选择，从资源可循环利用的角度来看，秸秆的焚烧对大气环境污染影响和对土壤的影响也有不同的后果，长远来看并不利于农业可持续发展，同时焚烧秸秆极易引燃周围的易燃物，对农村的生产和生活环境也很会造成很大的安全隐患，各地陆续出台了焚烧秸秆政策条例；与此同时，社会公众关注的热点问题通常具有趣味性和刺激性的特点，仅以关注的热度作为研究选题的衡量标准，易出现主观唯心主义的夸大和渲染。因此，研究选题的确定还需要科学的论证，研究者需要具有一定的知识储备和对相关问题认知的经验积累，以确保研究选题的合理性和可行性，避免出现"站着说话不腰疼"的选题、与实际情况相脱节的问题。

选题的初期阶段还面临选题开口大小的问题。如果拟定的选题开口较大，研究内容则较为宽泛，难以找到研究问题的抓手，以致研究报告的分析浮于表

---

① 左停，赵梦媛，金菁，2018. 路径、机理与创新：社会保障促进精准扶贫的政策分析 [J]. 华中农业大学学报：社会科学版（1）：1－12.

面，研究深度欠缺；选题开口过小则会使得研究范围和视角受到限制，难以全面深入地反映研究问题或对象的全貌，会造成研究结果的片面性、局限性和偶然性，不能充分体现研究选题的意义和价值。选题应选取有科学价值或实用价值、现实操作性强、大小适度的题目。因此，解决社会现实问题既要始终坚持问题导向，也要注意将调研观察中好的经验和做法上升为深度的理性认识，做好典型性的经验总结。

根据选题来源和研究目的的不同，可以将研究报告分为案例分析型、社会调查型、问题导向型和政策分析型四种。

1. 案例分析型研究报告

案例分析型研究报告的选题主要针对公共管理实践的典型事件，主要采用实证调研与数据挖掘等方式获取资料与数据，形成完整的案例描述，并基于公共管理的理论和方法对案例进行深入分析，分析案例的成因，提出案例的解决方案，总结案例的经验教训以及理论提炼与拓展，提供公共管理的实践经验材料与理论方法支持。案例分析型研究报告一般包括绪论、案例描述、案例分析、研究发现或结论四个部分。

2. 社会调查型研究报告

社会调查型研究报告是以公共管理实践中的某项工作、存在的某类问题、发生的某个事件为研究对象，运用科学的研究方法（定性或定量），对某项工作、某类问题或某个事件进行了解、梳理，并将了解到的全部情况和材料进行"去粗取精、去伪存真、由此及彼、由表及里"的分析研究，揭示出本质，寻找出规律，总结出经验，得出研究结论，为公共管理实践提供理论、经验和方法支持。社会调查型研究报告一般包括绪论、调查研究设计、调研结果描述、调研结果分析、对策建议和附录六个部分。

3. 问题导向型研究报告

问题导向型研究报告针对公共管理领域内具有理论价值或实践意义的现实问题，运用公共管理的相关理论和方法辨析问题、分析成因，提出解决问题方案，并进行可行性论证，为公共管理改革、决策和发展提供经验、理论和方法的支持。在此之前，要清晰地界定"问题"的定义，研究问题通常反映的是理论认识与事物现状之间的差距以及政策与实践之间的反差，其间的分歧和矛盾则是我们关注的问题所在，也是需要拓展和研究的重点。分析问题的原因就是要深入剖析影响政策目标执行偏离的阻碍因素。然而，问题导向的研究关键是要保证问题的有效性和可靠性，这需要前期的知识积累和准备工作，确保所选的研究问题并非是偶然发生的，是以一定的空间规模和持续时间为事实基础，例如规模性返贫问题。问题导向型研究报告应包括绪论、理论基础、问题与成因分析、解决问题的方案或对策、结论与建议五个部分。

4. 政策分析型研究报告

政策分析型研究主要针对某项政策的实施情况开展研究，分析其目标实现情况、执行与落地情况、效果与影响等。政策分析的程序及内容涉及政策的议程设置、问题界定、目标设立、方案规划、后果预测、方案抉择、执行与监测、评估与终结、调整与变迁等。政策分析型研究报告指的是对于一项（或一类）政策的制定、执行、评估、监控、终结和变迁以及政策内容进行研究，可以对一项（或一类）政策内容的某个方面、政策过程某个环节或全过程进行分析，也可以对不同领域以及不同国家或地区的政策做比较研究。政策分析型报告一般包括绪论、理论基础、政策描述、政策分析、结论五个部分。

二、研究报告的问题陈述与呈现

从选题到锁定研究问题，需要将研究问题进行清晰易懂的陈述表达。将研究主题转化为研究问题并不仅仅是程式化的过程，更是用可操作性的语言对研究问题进行有效表达的过程，将研究主题转化为一个有针对性的、具体明确和可操作性的研究问题。在这个过程中，将直观的、不能明确表达的知识转化成明确性的知识表达，主要包括以下几个方面：问题的陈述并不是依靠直觉的判断，而是依靠定性或定量研究方法进行严谨的论证；将社会现象中碎片化和分散性的问题进行系统性的归纳和梳理；对研究问题的判断以经验和实证研究相结合；在更广阔的社会文化背景下总结不同案例中研究问题的共性特征；对问题的论证以相关理论和模型的推演为依据。一个好的问题陈述可为好的研究奠定基础，问题陈述不仅要直观反映研究报告回答或解决的研究问题，同时应对研究对象和范围进行界定，还应包括问题的解决路径以及可能的预期结果。

从选题到研究问题是有效的知识抽象提升的过程，一方面可以通过阅读大量的相关文献以及社会政策分析，加深对研究问题相关理论、知识、背景的理解；另一方面，随着科学技术与现代社会的发展，也可以将问题放到研究场域和研究对象之间去讨论。随着互联网时代自媒体的发展，网络舆情打破时间和空间的约束已成为一项重要的现代化研究工具，根据民众关注度和参与规模的差异通常具有区域性和群体性特征；须不断完善问题的论述，以增加选题论证的支持力度（表1）。

表1　模糊的知识与有效表达的知识

模糊的知识	有效表达的知识
直观的觉知	严谨的论证（定性和定量）
碎片化	系统性
来自经验的判断	经验和实证研究相结合
个人的	社会的或某一群体的共性特征
论据不充分	理论和模型的推演

（一）案例分析型研究报告

案例分析型研究报告中问题陈述的准备工作，主要包括：提出案例选题的背景、目的与意义；评述相关主题的国内外研究进展；阐明所选取案例的代表性或典型性；提炼研究的问题与内容；建立分析框架及选取研究方法；简述案例发生的背景和案例获取的主要渠道；介绍案例的时间、地点、人物和事件及其经过，可以按照时间顺序或者事件发生的逻辑关联，描述案例事件的起因和演化。

社会调查类的案例通常突出特殊性和典型性的特征，以单案例或同领域不同类型的多案例研究为主。但案例研究在反映问题的全面性方面具有一定的限制性，或因社会问题的复杂性和多样性，有时难以用简单清晰的语言对研究问题进行有效表达，这时可以采用引入相反案例，运用矛盾双方一体两面的巧妙对峙可以进一步凸显问题的张力，或采用针对差异性社会现象发问的方式，进而引发大众的关注度和思考。

（二）社会调查型研究报告

社会调查型研究报告中首先提出调研专题的背景、目的与意义，即为什么对这个专题（工作、事件或问题）进行调查研究；对国内外已有研究成果进行文献综述与评价；提炼调研的问题与内容；建立分析框架并选取研究方法。介绍调查的时间、地点、对象、范围，阐明调查对象的选取和调研过程；介绍采用的调研手段或方法，如问卷调查、个案研究、访谈调查等，对调查的信度与效度进行检验；说明调查的环节、重点、难点等。

通常对社会调查问题预先提出研究假设。实质上，问题陈述和研究假设是相似的，所不同的就是研究假设是对问题以及问题涉及的相关变量关系的详细陈述；研究假设是一种理论的设想和预见，是对两个或多个变量之间预期关系的一种推测，它指明了研究问题导致的可能性结果，对变量之间关系的性质以及变量作用的程度进行预判。例如，随着农村青壮年劳动力的大量外流，老年劳动力是目前农业生产的主体力量，考虑到农村老年劳动力身体特征、技术认知与接纳程度均会影响其对农技服务的获取，提出农业劳动力老龄化对农户农技推广服务获取呈显著的负向影响[①]的研究假设。

（三）问题导向型研究报告

问题导向型研究报告首先要阐明选题依据（研究的背景与意义）、文献综述（研究和实践进展评述）、研究内容与主题、研究方法及技术路线等内容；其次，阐明选题研究的理论依据，或进行理论及分析框架建构与论证。这是明确问题表述的基本前提，精准的问题表达有助于工作目标的制定与计划的安排。问题表达的要求：要有具体明确的描述，不是对现象表征进行简单的概括归纳，而是能够体现研究问题的本质特征，不能使用放之四海而皆准的语句。以描述问题产生的环境为切入点，指出问题及其成因。问题与成因分析要有理有据，逻辑清晰，引证资料和数据来源可靠，相关性和针对性较强；为后续问题解决的路径指明方向。这里以"农村土地资源利用与管理的策略"为例，对问题的具体陈述如下[②]：

---

① 赵秋倩，沈金龙，夏显力，2020. 农业劳动力老龄化、社会网络嵌入对农户农技推广服务获取的影响研究 [J]. 华中农业大学学报：社会科学版（4）：79-88.

② 左停，2021. 当前加强农村土地资源利用与管理的策略 [J]. 人民论坛（10）：63-66.

当前一些地区存在的"卖土""盗土"等行为，不仅破坏了基本农田和生态环境，还使得农民利益受损。这些现象直接反映出基层短期逐利与新发展理念之间的冲突与背向，间接折射出地方基层治理缺少准备和前瞻以及失序等问题。农民的各种行为（合法或非法）是在一定的社会结构、制度环境以及资源禀赋、社会关系等条件下的反应和选择。除了如"卖土""盗土"等违法行为以及失范失序的边缘性违法违规行为如土地撂荒等，也有一些违规失范行为源于地方政府的行政要求，如下发通知要求"退果/苗/塘还粮""退林还耕"等。这些现象和问题往往具有隐蔽性和模糊性，缺乏具体的法律调整，而政府又监管不到位或者难到位，使得个别地区土地等资源利用无序和失范。要想彻底解决这些问题，需要政府部门进行深度思考、高度重视并进一步规范、引导，补齐责任主体监管不到位和治理能力不足的短板，明确各利益主体间的责权利边界。

（四）政策分析型研究报告

公共政策分析是整个政策过程中的重要环节，通过掌握各种相关知识和技术，阐明本项政策研究的理论依据，使用各种方法，因地制宜地分析、解决政策问题的一系列过程。公共政策分析通常包括优化、效率、效益、预见、可行性五个维度[①]，运用分析框架、评估模型和评估指标体系、比较的维度等论证政策的实施成效。政策分析型研究报告一般把握重大政策出台的背景，相应的舆情事件热度较高，社会的关注度也较高。政策分析型研究报告的描述通常突出相关政策的背景、内容与演化、相关的政策过程环节及实践进展等。当前常用的政策分析以文本分析和话语体系分析较为常用，例如[②]：

经过多年的反贫困努力，2020 年中国如期实现既定脱贫目标，在此背景下梳理中国贫困治理的模式和话语体系发展脉络，主要分为三个阶段：2000 年前，在"贫穷不是社会主义"和"共同富裕"话语引领下，初步形

---

① 诸大建，刘淑妍，王欢明，等，2014. 政策分析新模式［M］. 上海：同济大学出版社.

② 左停，金菁，刘文婧，2021. 组织动员、治理体系与社会导引：中国贫困公共治理中的话语效应［J］. 西北大学学报：哲学社会科学版，51（2）：50-61.

成中国特色的综合性治理框架；2001—2013 年，经过"全面建设小康社会"和"和谐社会"话语动员，形成经济政策与社会政策二维并行的贫困公共治理体系；2014—2020 年，在"小康路上一个也不掉队""社会主义本质要求"等话语动员下，形成统揽性的扶贫公共治理范式。在此过程中分析统揽性政治话语对贫困治理体系和治理模式的影响，从治理话语维度解析我国贫困治理取得突出成效的原因，由此探讨话语体系对公共治理的一般影响和意义，并对未来中国的相对贫困治理以及其他领域治理提出启示。

三、研究报告的发现与结论

研究发现和结论的表现形式主要有两种：问题分析型和经验总结型，分别突出研究结果的代表性和应用推广性。研究结论是对研究发现的拓展、推广或理论上的提炼与升华，即"概化（generalizability）能力"[1]，是指研究结果在其他情境或研究对象中的适应性或研究方案的可推广性。也可理解为应用指向的可外推性（scaling‐out），概化能力的强弱则取决于案例分析的可例证性。

问题分析型分析首先表现为对调查结果进行初步描述性分析，分析结果是对其预先假设的验证，分析内容通过调查得到的基本数据、重要事实、总体状况呈现，因此，研究结论所反映的内容必须真实有效，有强有力的案例支撑和有效数据等佐证材料，如必须有作者收集的第一手资料、访谈内容或统计数据，同时也要注意到伦理风险，尊重被调查对象的隐私权和知情同意权，对一些敏感性强的重要信息采用不同程度的匿名、保密和模糊化等处理手段。

问题分析型结论主要表现为以"数"和"类"为代表的统计概化和类型概化。量化研究中的统计概化一般通过统计抽样方法和概率理论，结合参与实地调研积累的经验，根据研究样本的基本特征推断总体的情况，可以直观地反映统计意义上的总体代表性。例如，与传统意义上贫困人口的内涵不同，对农村低收入人口帮扶问题的研究，首先要通过评估低收入标准来锁定低收入人口的范围。根据代表性省份微观数据建构模拟收入曲线的统计模型，可以通过统计

---

① 陈向明，2010. 质性研究：反思与评论：第 2 卷［M］. 重庆：重庆大学出版社 .

方法推断估算出不同区域的低收入人口的范围，同时结合实体性验证以提升模型的拟合优度，可以为国家层面制定低收入标准提供参考依据。质性研究中的案例分析通常存在普遍性不强的诟病，然而对普遍性的理解并不是仅仅依靠所选样本的规模为衡量标准，而是通过挖掘单个或多个类型性案例中问题的普遍性，来深入剖析某一类别或不同类别问题的内在属性和相互关系。类型概化突出问题的典型性，在提炼解决本案例或者同类案例问题的基础上，对案例相关的实践、政策和理论问题进行深化或拓展性思考，为总结分析、查找原因、提出对策建议做好基础性准备工作。

与此同时，问题分析要体现深入性、综合性和动态性，三者之间不是相互割裂的，在不同应用场景下搭配使用。基于建立起来的分析框架及选取的研究方法，展开对研究问题的深入分析，透过现象背后运用相关的理论或方法对调查结果进行深入分析，旨在找出问题的主要矛盾和重要致因，或总结经验或揭示规律或发现问题，并运用调查的数据和材料对成因进行分析。分析案例及其问题的成因，总结案例的经验教训，针对存在的问题及成因，提出有针对性的解决与改进的措施，避免出现得出的研究结论知其然而不知其所以然的情况，否则会直接影响政策建议的针对性。深入剖析研究问题，还要学会运用综合性的视角，既要符合基本的理论逻辑，同时也要符合社会发展的内在规律。例如，东西部协作中，建立了省省、市州、市州区县（市）间、乡镇（街道）间、村（社区）间的五级结对帮扶体系，充分发挥中央与地方区域性协调机制作用，强化地方主体责任。然而，由于产业经济发展，需要在特定的区域内，依托产业集聚，以整合资源和集成创新，但在政策执行过程中过于强调落实地方责任，尤其突出基层中村一级的村社、村企结对方式，难以产生集聚的规模效益，并不利于实现资源的有效整合和优化配置。

一般而言，我们所做的社会调查分析以及获得的案例，受时间和空间的限制，具有阶段性和静态的特征，然而受不断变化的外部环境和人为因素的影响，社会现象和问题具有动态性的特征，有些现象则逐渐发展或引发了问题，如果不能得到及时跟进和解决，会直接影响政策目标的实现。把握问题发展的动态情况，有助于对问题作出及时准确的判断，确保政策建议转化的时效性和成效性。例如，脱贫攻坚期间，为提升贫困劳动力的稳定就业和增收能力，西部向东部有组织地进行劳务输出是促进可持续脱贫的一项重要工作。近年，有组织地输送脱贫劳动力外出就业已形成了一定规模，有外出就业意愿、劳动技能的劳动力在东部就业的也具有一定的稳定性和可持续性。以四川省劳动力转移就业情况为例，截至 2021 年 9 月底，四川省农村劳动力转移就业规模达 2 682.0 万人，同比增加 6.1%。其中，省内转移 1 540.3 万人，同比增加 7.7%；省外转移 1 141.7 万人，同比增加 4.0%，从省外看，川籍农村劳动力主要集中在珠三角、长三角地区，转移人数分别为 309.6 万人和 255.3 万人，分别占省外转移总数的 27.1% 和 22.4%；从省内看，农村劳动力主要集中在成都片区和川南片区，转移人数分别为 775.9 万人和 339.5 万人，分别占省内转移总数的 50.4% 和 22.0%[①]，这也是省内转移就业首次超过省外转移就业数量，其中薪资水平在劳动力务工选择中起着重要作用。随着经济社会的发展，一些欠发达地区城市的产业发展、就业机会、工资水平也有了一定的提高，一些脱贫劳动力在工资水平相对差距不大的情况下，综合考虑自己的家庭因素，会倾向于选择当地的一些就业机会。脱贫攻坚结束后，西部地区多元化产业形态逐渐发展起来，当地的技能劳动力面临较大的缺口，扶持农村新产业新业态发展和农民就近就地就业也是当前一些脱贫劳动力的切实需求。然而，脱贫劳动力转移就业作为绩效考核的一项硬性指标，每年新增劳务输出指标给相关部门带来较大的压力。

经验总结型结论不仅列举某地或某部门在某一时期或某项工作实施的过程取得的成绩，更重要的是总结与之相关的政策设计、实施路径和典型事实，并针对存在的问题及成因，提出有针对性的解决与改进的措施，进一步概括提升出可供参考、可操作和可借鉴的经验思路。经验总结型研究结论的概化能力突出适切性、指导性和普遍意足的特点，相应的政策建议要有一定的可行性和适用性，这对制定、修正和调整某一社会政策具有一定的重要意义。

以乡村治理中推广运用积分制为例，农民作为乡村振兴战略的参与主体，其参与意识和参与能力是乡村秩序良性运转的内源动力。为更好地激励公众参与乡村公共事务、拓展公众参与的广度、深度和效度，需要探索一套适用于乡村社会的规则和机制来激励参与主体。2020 年中央 1 号文件提出"推广乡村治理创新性典型案例经验"的具体举措，各地也相继探索了技术性与灵活性的

---

① 数据来源：四川省人力资源和社会保障厅农民工工作处的相关资料。

激励工具，2020 年 7 月中央农村工作领导小组办公室和农业农村部出台了《关于在乡村治理中推广运用积分制有关工作的通知》，并对部分地区针对采用积分制推进乡村治理所进行的探索进行初步总结，提出充分发挥积分制示范基地的辐射带动作用，推进乡村治理体系建设。2021 年先后两次向全国层面推介在乡村治理中推广运用积分制典型案例，逐步完善积分制将乡村治理中农村人居环境整治、保护生态环境、塑造文明乡风、扶贫济困等乡村振兴的重点任务相结合的典型案例，已实现从"经"到"验"的肯定和推广。同时，要从政策背景的全局视角综合考虑不同工具之间的相互联系，将现有的成熟经验进行合理的拓宽和提升，推广到可适用的其他领域。由于积分制具有灵活性和机动性的特征，其指标设计和考核积分都可以随适用场景的变化进行调整。全面推进乡村振兴需要社会力量的广泛参与，在充分激发社会力量的积极性和主动性的同时，要增强农业农村人才的综合素质和能力建设，2022 年 4 月农业农村部办公厅印发了《关于实施"耕耘者"振兴计划的通知》，通过政企合作的方式，面向乡村治理骨干和新型农业经营主体带头人开展线上和线下的技术培训，利用"积分制"等乡村治理工具支持学员因地制宜将学习内容转化为实践成果，并产生了数字乡村治理工具——"村级事务积分制管理"工具，进一步推动了乡村治理中积分制落地和规范化实施。

四、研究报告的政策建议转化

（一）重视并支持研究成果向政策建议的转化和应用

在应用性研究中，研究结果与政策转化具有同等重要的地位，只有完成政策转化才能实现调查研究的社会价值。当前政策转化的实际效果不明显，研究成果的政策转化渠道仍相对单一，使得一些研究成果与社会政策发展相脱节，这表现为一些研究成果关注事物发展的一般规律，得出的研究结论较为抽象，脱离于社会政策的运用环境。美国政策智库研究中存在"认知共同体""思想掮客""知识翻译者"等角色[①]，他们充当了研究机构与政策机构的沟通纽带，

---

① 元利兴，2018. 美国智库与政治 ［M］. 北京：中国经济出版社.

将学术研究成果转化为决策者更容易理解的政策话语。

政策建议转化包括以下几种情况：第一，希望有关部门重视并支持，拓宽研究成果向政策建议转化的沟通渠道和形式，构建研究成果灵活转化机制，将专业性和可行性的建议及时传送，为决策部门提供重要的参考依据。第二，已制定实行的公共政策中，对于民众支持和响应声音较大的公共政策进行合理化解释，引导和促使相关政策制定部门继续实行和推进，为保持政策功能的稳定性，需要对长效机制的建构路径、解决的主要矛盾、内在要素的关系进行相关的解释性说明。第三，在社会变迁过程中公共政策也会呈现出阶段性的特征，厘清政策的发展逻辑，及时调整和终止过时、多余和无效的政策，为做好政策的变更和接替工作提出预判性建议。第四，对于政策还没有覆盖到的公共问题，督促和引导制定出台针对性的政策，并提出指导性的建议，提供达成政策目标的可行性方案。相关单位可以根据政策发展周期的需要对所需的前瞻性、阶段性、储备性、后评估性等政策研究成果开展转化工作，进而提高研究成果与政策建议的协同性。第五，通过政策创新、体制机制创新，形成行之有效的研究成果转化的条件和动力，提供有利于研究成果转化的政策环境。应当鼓励和支持高校、科研院所与政府部门建立有利于研究成果转化的用人制度和激励机制，有助于解决"最后一公里"的研究成果转化问题，使研究成果更好地转化为政府的方针政策，为推进社会发展、回应民生关切提供更有价值的对策建议。

（二）充分理解相关公共政策体系及公共部门需求，明确政策建议对象

公共政策系统是一个由若干相互联系又相互区别的政策子系统构成的有机整体，不断地与外部环境进行着物质、信息和能量交换，具有整体性、动态性和开放性①。通常，对社会问题的研究思路是概括研究问题，有针对性地提出解决同类问题的新思路、对策或建议。而要提出解决问题的新思路，则需针对问题及其产生的原因，对比分析国内外的解决方案，提出具有可行性的解决办法。对现有社会政策体系进行系统的、充分的和深入的理解，是研究社会问题、提出完善的建议和政策的先决条件，只有这样才能对经验进行精

---

① 赵丽江，翟桔红，2012. 政治学［M］. 2 版. 武汉：武汉大学出版社.

准的总结、推广和提升。除了政策内容本身，政策系统还包括政策主体、政策客体以及政策环境。政策主体是直接和间接参与公共政策制定、执行和评估的主管和相关部门以及个人；政策客体是政策发生作用的问题或人群；政策主客体之间的互动对政策环境产生一定的影响，同时政策主客体维持生存所需要的要素也均由环境获得。了解公共政策的运行系统有助于更好地理解公共政策和手段的问题诊断、设计和评估。为了加深对社会问题和相关政策的深入理解，需要掌握适用于研究问题和相关政策的分析工具和研究方法，注意与研究问题的场景、范围和层次的适应，同时也要着力推进政策分析工具、研究方法和技术手段的改进和创新，为研究成果的转化提供强有力的学理性和方法性支撑。

（三）聚焦政策建议方向和关键内容，有计划地组织召开专题座谈会

研究报告完成后，特别是有关结论和政策建议方向完成后，到正式的政策建议完成之前，要有计划地组织召开一系列的专题座谈会。座谈会的参加人员应该是多方面的，包括实际工作者、政策研究人员；针对不同类型的人员，可以分类召开，也可以混合召开。座谈会的目的，首先是需要核实有关的调研信息，判断调研所发现问题的真伪、性质及其代表性；其次是听取与会人员对关键政策建议方向的反馈，明确政策建议设计的政策周期的环节、政策建议的对象；最后，在后期，听取与会人员对政策建议具体内容的反馈，比如可接受性、可操作性问题等。除了座谈会，有针对性地找个别专家和关键信息人开展政策咨询，也是一种常用的做法。

（四）加强政策相关部门的政策对话，搭建信息交流共享平台

由于社会问题的复杂性和多样性特征，相关的社会政策也呈现出涉及多部门、多领域的趋势，这无疑增加了数据信息获取的难度。对研究者而言，知识和信息的共享在公共政策研究中是极为重要的，这直接关系到一手信息获取的真实性。相关部门通过政策对话充分表达与政策制定相关的意见，并就某一政策推进工作达成共识，可以最大限度地降低政策相关部门的信息成本、时间成本和人力成本，通过政策论证的方式加以导正，才能获取较为正确的政策信息，避免出现信息失真的问题，提升研究报告的质量和研究结果向政策

建议转化的效率。与此同时，相近的政策研究机构，可以研讨会、座谈会、研究刊物等方式建立合法的联系网络，实现资源互通、信息共享，以更好地提高本研究机构的研究能力①。此外，对涉及多部门的政策研究，信息交流共享的建立也会减少重复性研究，共同推动跨部门之间的优势互补和相得益彰的协作局面。

（本讲得到博士研究生刘文婧帮助整理稿件）

---

① 余玉花，等，2017. 科学防范现代危机的公共政策：理论与实践［M］. 上海：上海社会科学院出版社 .

| 第十三讲 |
科学决策与高效执行

主讲人：于海波 _____

　　教授，博士生导师，现任北京师范大学政府管理学院党委书记。研究方向为组织行为学和人力资源管理。国际应用心理学会会员，中国管理研究国际学会会员，中国心理学会会员；（教育部）高校毕业生就业协会创新创业工作委员会副理事长，（教育部）高校毕业生就业协会生涯教育工作委员会常务副主任；中国劳动经济学会职业开发与管理分会副会长；中国人力资源开发研究会人才测评分会常务理事；全国职业经理人考试测评标准化技术委员会（SAC/TC 502）委员。近年在国内外核心期刊 *Journal of Career Assessment* 等发表学术论文 80 余篇，主编或参编著作及教材 20 余部，主持完成国家自然科学基金、中共中央组织部、人力资源和社会保障部等国家和省部级项目 30 余项，先后主持过政府和企事业单位委托的研究咨询项目 40 余项。

一、农业科研管理者的角色

（一）农业科研管理者的角色定位

1. 农业科研组织的管理者

农业科研管理者首先承担着管理本单位或本部门科研事务的责任，这是每一位管理者被赋予相应的职务职级的正式权利。这要求农业科研管理者应该具有权威领导下属完成组织中的工作目标和工作范畴内的任务，同时还要与组织里的科研人员进行沟通、激励，指导和管理其完成科研任务。

根据亨利·明茨伯格的管理者角色理论，农业科研管理者的这一类角色可以被称为人际关系角色，具体指管理者为了实现组织目标而与员工进行任务管理或者关系互动的角色。人际关系角色包括代表人、领导者和沟通者。人际角色直接产生自管理者的正式权利基础，管理者在处理与组织成员、其他利益相关者的关系时，就扮演着人际角色。具体展开来看，在农业科研组织中，管理者作为单位或者部门的代表人，需要出席或者主持一些会议、代表单位进行讲话、处理日常事务等，代表着组织的形象。同时，农业科研管理者对于本单位的科研管理工作和人事管理工作等负有重要责任，这要求其在工作小组内扮演领导者角色，根据国家农业政策方针和单位定位目标，对一线农业科研人员或者本部门员工进行激励、引导和惩戒，以确保组织目标的实现。科研管理者在本部门或者本单位内外都需要建立良好的关系网络，处理协调部门与部门之间的事务，在上级和下级农业农村部门保持高效的沟通，这就要求农业科研管理者充当沟通者的角色，获得对本部门有用的信息和关系资源。

2. 农业科研组织的决策者

按照管理学家西蒙的看法，管理就是决策，所以管理者最重要的角色就是决策制定者，对于农业科研管理人员也不例外。农业科研管理中涉及农业成果研发、人才培养、部门绩效管理等众多决策事项，涉及农业科学研究的间接环节和直接环节，还关系着科学研究与部门管理、绩效实现的有机结合，农业科研管理者作为其中重要的参与者、贡献者和领导者，承担着科研管理的重要决策任务。

根据亨利·明茨伯格的管理者角色理论，农业科研管理者的这一类角色可以被称为决策角色，具体指管理者做出组织中的重大决策，分配资源，并保证决策方案的实施，包括企业家角色、冲突处理者、资源分配者、谈判者四种角色。农业科研管理者承担的企业家角色是指其要具备战略捕捉和战略决策的能力，要精准捕捉并理解"三农"问题的相关国家战略和政策文件，在乡村振兴背景下，认真理解中央 1 号文件，领悟新形势下乡村全面振兴的工作任务和工作重点，做好新时代服务"三农"工作的工作部署，结合本单位承担的科研定位和功能职责，制定好本单位工作任务清单并精准执行落地①。冲突处理者和资源分配者主要是面向农业科研组织内部，处理单位内部的冲突和问题，对组织的有限资源根据组织目标进行分解和配置，这都需要管理者高水平的决策能力。有研究表明，管理者把大量的时间花费在谈判和协调上。农业科研管理者的谈判和协调对象包括本单位员工、青年科技人员以及农业农村部、知识产权局等相关单位人员，主要是通过召开会议、下达和接收文件、开展课题研究等沟通交流事项，保证本单位依据组织目标制定决策、执行工作任务。

3. 农业科研政策的执行者

农业科研管理者要在本单位贯彻落实农业科研政策，抓好新时代政策机遇，并将其转化为农业科研工作的强大动能。例如，2022 年中央 1 号文件指出，强化农业基础支撑，大力推进种源等农业关键核心技术攻关；全面实施种业振兴行动方案。推进种业领域国家重大创新平台建设；启动农业生物育种重大项目。加快实施农业关键核心技术攻关工程，实行"揭榜挂帅""部省联动"等制度，开展长周期研发项目试点等。上述国家"三农"相关政策文件，都需要农业科研管理者进行学习和理解，并且在单位内部执行和落实。

根据亨利·明茨伯格的管理者角色理论，农业科研管理者的这一类角色定位可以被称为信息传递角色，具体指管理者在某种程度上要从组织外部和内部接收和传递信息，包括监督者、传播者、发言人角色。具体来看，农业科研管

---

① 周争明，瞿玖红，宋晶，等，2021. 乡村振兴新形势下农业科研单位如何做好服务"三农"工作的思考：以武汉市农业科学院为例 [J]. 农业开发与装备（11）：17 - 18.

理者作为农业科研事业单位的一分子，首先要积极从国家顶层战略和上级农业单位接收信息，了解信息，掌握信息，持续关注组织内外环境的变化，及时获取农业科研政策的相关信息；其次，把国家和上级部门的信息、组织的信息、自己所收集加工的信息等，向本单位成员加以宣布、传递并组织部门成员共同学习，以便组织成员能够及时共享必要的信息、理解要点，以便切实有效地执行政策和完成工作，在此过程中管理者既是整个单位系统的信息传递者，也是所在部门或者工作小组的信息共享渠道；最后，管理者有时必须代表组织向上下级农业系统内的部门或者内部成员公布工作决定、工作报告、政策执行和落实情况等，这是组织运作的需要，也是对本单位政策执行情况的梳理和复盘。

农业科研管理者的上述三类角色形成了一个整体，互相联系、密不可分。农业科研管理者首先是作为一名管理者，在组织中担任某一职务，具有相应的职责和职权，通过实施计划、组织、领导、协调、控制等职能来管理成员的活动，实现组织目标；同时，作为农业科研系统的工作人员，根据国家及本省市的农业科技政策方针行使管理职能，积极贯彻落实农业科研政策，保障农业科研工作顺利进行。每一个角色定位构成了农业科研管理者在日常工作中不可分离的一部分，这表明，农业科研管理者需要高效整合资源，对上级科研管理部门、本单位或本部门成员及科研人员做好科学、规范、有序的管理。

（二）农业科研管理者的角色作用

农业科研管理工作是农业系统管理中的重要组织环节，关系着科研任务的有序进行、科研成果的高效产出、科研服务的有力支持。农业科研管理者作为科研管理工作的重要主体，是做好农业科研后勤服务的主要力量，是确保农业科研任务顺利有序进行的保障队伍，是激发部门成员干事创业热情的指挥官[1]，与农业科研创新和科技使命的实现有着密不可分的关系[2]。农业科研管

---

[1]　王文亮，2011. 科研管理人才在农业科技管理中的地位及培养思路 [J]. 山东农业科学（10）：123-124.

[2]　吴春，葛汉勤，王凯，等，2016. 地区农业科研单位科研管理人员专业化路径探析 [J]. 江苏农业科学，44（3）：532-534.

理人员应摆正角色位置，以"服务、管理、创新"为宗旨，在组织中承担好领导、管理、指挥、协调等重要角色任务[1]。其角色意义体现在不同方面，在不同工作事务中发挥着检查督导、指挥决策、桥梁纽带等重要作用。具体主要有如下三个方面。

1. 检查督导作用

农业科研管理者作为单位中的管理者，是各项工作任务的组织、实施、落实者和检查督导者。要保证下属或者科技工作者的工作目标指向正确、工作方案合理、任务执行无偏，还要及时在过程中给予跟踪检查和结果反馈，及时督导和评估，对于表现较好个体给予激励，对于表现较差个体及时止损，从而充分调动员工的主观能动性和工作积极性。首先，对于员工的检查督导，管理者要良好地运用起手中的激励和监督机制。为真正调动员工的工作热情、提高员工的工作积极性，管理者要依托单位的激励机制，在管理工作中进行科学的实施和管理，监督各项工作的顺利进行，大大加强员工的工作主动性和热情。要对员工工作进行分工，激励其更加努力地朝团队目标奋斗，增强团队的运作效率，使组织中的每个成员都充分发挥他们的潜能。其次，对于单位事务的管理，一方面是管理人员对责任范围内有形资产和无形资产的管控，包括科研成果、科研设备、成果材料、半成品等；另一方面是管理者要用正确且高效的方法处理单位事务，把工作任务进行精细化分解，或者按照标准化工作流程作出工作计划，安排下属实施并在此过程中进行管控。最后，对工作人员进行评价总结。检查和督导的意义就是强化员工的正确和值得鼓励的行为，抑制或消除错误或者不当的行为，促进良好工作习惯养成，保障单位事务的正常和高效运行。以上是推动管理工作正确且高效落实的有力抓手，也是确保农业科研工作畅通、促进农业决策落实的重要方式。

2. 指挥决策作用

农业科研管理者要围绕农业产业振兴，突出科技支撑，把握好发力点，明确组织发展方向，有效制定相关决策。首先，农业科研管理者在管理系统内，推动下属朝着既定的目标发挥其积极性和创造性，把握工作的大方向，指挥正

---

[1] 高明琴，2009. 农业科研管理部门对科研工作能动管理的思考 [J]. 贵州农业科学，37 (4)：190-191，140.

确的工作方向，促使下属努力完成各自承担的职责和动态管理任务。这一过程的顺利进行是管理系统正常运转的重要条件。科学有效的指挥，使管理系统内各要素有机结合，产生强大的内聚力，从而组织达成统一目标的最大合力，保证管理系统健康正常运转；科研管理者的指挥作用还体现在使管理诸要素在一定的时间和空间科学地有机结合，发挥应有的作用，以尽量少的投入，获得尽可能多的适合社会需要的产出。其次，一切计划、决议、命令、指示等，都是管理科学中的决策。决策是管理活动的核心，贯穿于管理过程的始终。农业科研管理者要充分理解国家宏观农业政策，结合上级单位的工作目标和工作任务，制定本单位或者本部门的工作决策，确保单位能贯彻落实国家的法律与党的方针、政策，并且切实落实到实际行动中。

3. 桥梁纽带作用

农业科研管理者是本单位决策、工作制度、工作目标和任务的传递者，对外要联络农业系统的上级和下级单位，对内也要传递上级管理者的决策、反馈下属的意见，起着上情下达、下情上传的作用。在单位内部，农业科研管理者要懂专业、懂法律、懂科学管理，通过组织协调，对上级的决策、计划、制度，及时传达，得当部署，从而加速工作任务得到有效落实。在管理过程中，其桥梁纽带作用还体现为与部门成员和科研人员之间的沟通和联系，迅速反馈来自不同方面的信息，通过各种途径努力做到信息公开，多渠道开拓信息交流，从中获得大量正确的反馈信息，从而提高决策的正确性；与其他部门如财务部门的沟通和协作也需要管理者发挥作用，了解课题经费预算情况，以利于科研项目的顺利完成。同时，农业科研管理者能及时发现政策执行过程中的问题，反馈群众意见，为上级农业管理部门的决策和各项制度的完善提供依据。综上，农业科研管理者是决策实施以及工作任务的带头人，在各项决策和工作任务下达之后，积极调配人力、物力资源，组织实施，计划安排，严格落实各项规章制度，及时做好上传下达，多方沟通联络。不仅在单位内部各个部门之间，做好协作与配合，还在单位外部的上级管理部门和下级农业单位做好沟通与联系，传达政策精神，保障政策良好执行。

二、农业科研管理者的决策能力

(一) 农业科研管理者决策能力的具体内涵

习近平总书记在 2020 年秋季学期中央党校（国家行政学院）中青年干部培训班开班式上发表重要讲话，将"提高科学决策能力"作为领导干部特别是年轻干部必须提高的七种能力之一，意义重大。对于农业科研管理者来说，科学决策是单位管理工作的重要方面，提高科学决策能力是新时代对国家事业单位中的管理者干事创业、履职尽责的必然要求。决策能力指管理者对单位或部门拿主意、做决断、定方向的领导管理绩效的综合性能力素质，具体内涵如下。

1. 分析提炼能力

指管理者经过思考分析之后能准确和迅速地提炼出解决问题的各种决策方案的能力。分析和提炼的过程就是要对现存的各种决策方案进行深入分析，提取核心要点和关键事项，判断每一种方案背后可能会实现的效果以及相对应的风险和收益。一是各类决策方案是否具备实施的条件以及与组织相一致的目标，若条件不具备，则要弄清获得该条件的代价是什么，若不符合单位总体的发展目标，也不可取。二是要能够寻找每一个决策方案的利益相关者，包括决策的执行者、潜在受益者、风险承担者，保证在未来决策制定后可以实现最终目的。

2. 预测研判能力

主要指对工作事务进行剖析、分辨、单独进行观察预测和研究判断的能力。决策与预测是密不可分的，要具备卓越的决策能力，首先应具备准确的预测和分析研判能力。预测是决策的基础，决策是预测的延续，预测的目的是为管理者决策提供准确的资料、信息和数据，如果没有准确的预测，将会导致决策失误。尤其在当下百年未有之大变局这种充满不确定性的情况下，预判风险是防范风险的前提，准备判断未来存在的不确定性风险是制定决策的关键。国家农业系统内部的管理者也要做好应急处突的准备，增强风险意识，脑中的弦不能松，做好随时应对各种风险挑战的准备，准确预测和判断好形势，正确评估决策方案的风险，才能做到心中有数、分类施策，尽可能做到精准预判，最大程度保证决策制定的有效性。

3. 决断能力

这要求管理者敲定最后决策方案、当机立断做出抉择。面对众多的潜在实施方案，要挑选出经过慎重思考和分析后符合形势要求和相对最为高效的满意方案。决断能力主要是在方案选择的最后步骤或者在特殊紧急情况下或关键时刻最能发挥作用，目的是对提炼总结出的决策方案作出唯一的选择，且要求快速进行决断[①]。提高决断力，要求管理者敢于担当，能做到"平常时候看得出来、关键时刻站得出来、危急关头豁得出来"，争做"看得出、站得出、豁得出"的管理者；在深思熟虑之后，对各种备选方案进行详细的对比分析，确定最优的方案，进而可以做到立即行动、高效运作[②]。

（二）提升农业科研管理者决策能力的具体途径

要提高自身政治站位，培养战略思维。习近平总书记强调，"在领导干部的所有能力中，政治能力是第一位的"。作为新时代农业科研管理人员，应该具备良好的政治修养，进一步提高政治站位，在工作决策中要与国家的大政方针保持一致，以确保国家顶层设计可以得到自上而下的落实。及时关注学习党和国家关于"三农"发展的方针、政策、法规，将政策和理论的学习贯穿于工作、生活之中。在进行农业科研管理过程中，充分掌握国家的各项规章制度，以此规范日常管理行为[③]。"要做到科学决策，首先要有战略眼光，看得远、想得深"，"全党要提高战略思维能力，不断增强工作的原则性、系统性、预见性、创造性"。[④] 这就要求农业科研管理人员主动培养自身的战略眼光和战略思维，做到高瞻远瞩、统筹全局，从而在工作中提升科学决策的能力。战略思维培养的前提是充分理解并吸收国家的战略设计，加强思想武装，结合本单位实际情况、发展方向和在农业系统中所承担的职责功能，把握与国家战略一脉

① 萧浩辉，1995. 决策科学辞典［M］. 北京：人民出版社 .
② 钟开斌，2020. 处理急难险重任务的能力要求［N］. 光明日报，02 - 25 (6).
③ 马帅，周晶，徐兵强，2017. 谈新时期农业科研管理人员应具备的素质与能力［J］. 中国农业信息（24）：49 - 50.
④ 周叶中，2020. 领导干部科学决策能力的提升路径［J］. 红旗文稿（20）.

相承的决策方向，从而做到科学决策。

要坚持实事求是，开展科学调查研究。习近平总书记在 2021 年秋季学期中央党校（国家行政学院）中青年干部培训班开班式上的讲话强调，"坚持一切从实际出发，是我们想问题、作决策、办事情的出发点和落脚点。""坚持从实际出发，前提是深入实际、了解实际，只有这样才能做到实事求是。"农业科研管理者提升决策能力的关键要持有实事求是的态度，依据实事求是的分析，掌握客观真实的情况，制定正确的决策。科学的调查研究方法，"第一是眼睛向下，不要只是昂首望天"，深入扎根实践中去认识真理、把握规律。农业科研管理者要获取本单位内部最真实客观的工作情况，从而保证具备科学决策的现实基础。习近平总书记强调，"要深入研究、综合分析，看事情是否值得做、是否符合实际等，全面权衡，科学决断"。农业科研管理者要遵循习近平总书记对于领导干部求真务实工作方法的要求，在工作中把握多出科研成果、出高质量的科研成果的工作目标，秉持实事求是的态度，对于工作内容开展科学全面的调查研究，服务和管理好农业科研人员，提升工作中的决策水平。

要充分吸收科研人员的意见，提高民主决策水平。习近平总书记强调，"作决策一定要开展可行性研究，多方听取意见，综合评判，科学取舍"。这里的"多方听取意见"实质上就是民主决策的基本前提。[①] 在工作单位中，农业科研管理者要做到民主决策，保证决策过程始终置于员工的监督下，保证管理者的决策获得员工和科研人员的广泛参与和支持。这要求农业科研管理人员必须树立起强烈的责任感，服务科技创新发展、服务广大科研人员。积极推动民主决策制度的建设发展，了解科研人员的所思所想、所需所求，确保单位人员能够切实通过常态化制度，有效参与到决策之中。

三、农业科研管理者的执行能力

（一）农业科研管理者执行能力的具体内涵

农业科研管理者的执行能力可以具体从时间管理能力、沟通协调能力和问

---

① 周叶中. 领导干部科学决策能力的提升路径 [J]. 红旗文稿（20）.

题解决能力三方面展开论述。时间管理能力是管理者执行政策方针和工作任务的必要技能，合理安排好团队和个人的工作计划，妥善分配时间，才能保证工作任务有条不紊地执行。沟通协调能力是工作执行过程中必备的能力，任何工作的开展都不是单一地独自进行，需要多方交流和配合，尤其是农业科研机构中，需要相关政策的上传下达、部门之间的通力合作、科技工作者和管理者的协调配合。工作执行中必定会遇到各种各样的问题，那么问题解决能力就显得尤为重要，管理者要具备运用观念、规则、一定的程序方法等对客观问题进行分析并提出解决方案的能力。

1. 时间管理能力

一是如何把握整块时间。合理分配工作时间，尽量避免时间被碎片化，注意将团队的时间进行整合，多集中主要的时间、整块的时间进行集体任务和重要任务，避免琐碎闲事占据过多时间。二是如何能在固定时间内保证工作效率。合理分配精力，统筹兼顾地去完成细碎、难度小的任务。具备优秀时间管理能力的管理者不需要将这些任务割裂开来，去单独执行每项工作任务，否则会造成时间的浪费。重要的、有难度的工作就集中主要精力，专心致志，干好这件重要事项再计划其他工作任务。三是如何根据轻重缓急确定工作次序。根据紧急与不紧急、重要与不重要划分不同维度，优先完成重要又紧急的任务，确定好工作的先后顺序。

2. 沟通协调能力

对管理者个人而言的工作、生活时间分配，与上级领导、同事、下属之间的协调配合，对团队而言的团队管理、激励等，都属于需要沟通协调的范围。公务通用能力系列读本《沟通协调》一书中提到，将沟通协调分为组织内部（上级、同级、下级）的沟通协调和组织外部（社会公众、行政相对人、突发性公共事件中）的沟通协调。从个人角度而言，一是善于主动积极地沟通，无论在何种情境下，都能保证以积极的心态去交换和分享信息或者意见，而非遇到交流障碍时回避。二是要有乐观开朗的心态，具备分享意识和换位思考能力，感知和体验对方的立场，有共情能力，做到相互理解。三是在工作过程中要注重及时反馈。重视信息的分享，用心倾听组织内外部各方的意见，并根据实际情况及时做出调整和回应；能够有意识地在组织中搭建沟通平台，通过机制建设确保沟通渠道的顺畅。

3. 问题解决能力

一是管理者具备一定的分析能力，清晰地找到问题所在。发现问题往往比解决问题更加重要，把问题清楚地归纳出来，是成功解决问题的前提。看问题不只是看表象，或者只注意较为明显的因素，而是要抓住问题核心关键和要害，揪出根结，对症下药。具备更高水平问题解决能力的管理者会更早期地发现问题，找准问题，准确预测事情发展过程中的各种问题，归纳总结问题发生的规律，同时指导他人发现问题。二是能够通过对现状的分析挖掘解决途径，并找到答案，可以较好解决问题。处理问题能分清轻重缓急，并注重逻辑思维和换位思考，找准适宜的方法和渠道。三是制定解决问题的方案后，将任务分解给下属或者组织成员去实施执行。分配给不同能力的团队人员之后，为了促成问题的解决，管理者还需要对相应人力、物力的整合应用能力，比如，向上级部门寻求人力资源倾斜，团队无法解决的问题外包寻找专业人士去解决等。

（二）提升农业科研管理者执行能力的具体途径

抓好落实，提高政治执行力。 作为农业系统的管理者，落实科研工作任务、提升执行能力的基础，是把握好政治方向。习近平总书记在中共中央政治局民主生活会上的讲话中提出，讲政治必须提高政治执行力。领导干部特别是高级干部要经常同党中央精神对标，切实做到党中央提倡的坚决响应，党中央决定的坚决执行，党中央禁止的坚决不做，坚决维护党中央权威和集中统一领导，做到不掉队、不走偏，不折不扣抓好党中央精神贯彻落实。要把坚持底线思维、坚持问题导向贯穿工作始终，做到见微知著、防患于未然。要强化责任意识，知责于心、担责于身、履责于行，敢于直面问题，不回避矛盾，不掩盖问题，出了问题要敢于承担责任。2020年10月10日，习近平总书记在中央党校（国家行政学院）中青年干部培训班开班式上强调，干事业不能做样子，必须脚踏实地，抓工作落实要以上率下、真抓实干。特别是主要领导干部，既要带领大家一起定好盘子、理清路子、开对方子，又要做到重要任务亲自部署、关键环节亲自把关、落实情况亲自督查，不能高高在上、凌空蹈虚，不能只挂帅不出征。上述习近平总书记的重要论述也为农业科研管理者执行能力的提升指明了方向。在明确政治方向的前提下，必须着眼形势和工作任务的需要，在狠抓农业科研工作的落实上下功夫、见成效。要对所承担的重点任务进行细化，有针对性地制定思路举措，要敢抓敢管、担当担责，勇于挑最重的担子，敢于啃最硬的骨头，坚决把责任扛在肩上，把工作抓在手上，把任务落在实处。

加强协作，妥善处理各方关系。在进行农业科研管理过程中，沟通协调发挥着重要的作用，具备良好沟通能力的科研管理人员，开展工作时才能取得相关人员的大力支持，相互协调配合使得工作目标能够顺利完成。科研管理的协作方向可以概括为以下四点：第一，做好向上沟通。要清晰地了解上级部门的思路、规划和近期重点关注事项，从而明确本单位行动指南。在开展工作时，必须要严格按照上级部门的指示开展工作，并为管理人员提供可行性建议；为科研工作提供良好服务的同时，也能更好地监督与管理相关的科研人员，充分发挥出桥梁纽带作用。第二，做好向下沟通。农业科研管理人员也必须要积极地深入基层工作中，对于对口的下级单位，要积极了解工作进度，给予反馈和评价。对基层工作人员的工作情况进行充分的了解与掌握，做好需求和支持调研，了解急难愁盼问题，尽量解决其在工作、生活上存在的困难，解决其工作和生活的后顾之忧，使其更好地为农业科研工作服务。第三，做好对内沟通。对内沟通主要是和单位或者部门内人员的沟通、交流。与每一位团队成员做好个人发展规划的沟通，要让成员个人目标与部门工作目标有机结合在一起，更好地相互配合，激发成员的主观能动性。在进行农业科研管理过程中，必须要构建起和谐的人际关系，不仅要取得上级部门的信任与支持，还要使得科研人员积极地参与到工作中去。第四，做好对外沟通。对外沟通主要指部门与部门之间的沟通，信息不只是上传下达，作为部门内的管理者，还需要部门之间的通力合作和相互协调，在通盘考虑之下完成某些工作任务。通过增加沟通途径、提高沟通频率等方式，做好有效衔接。

与时俱进，不断加强自身的学习。不同于行政管理人员，农业科研管理者对自身的专业能力和综合素质要求更高。农业科研管理所服务的对象不仅包括本部门的行政下属，还包括具备专业性的农业科技工作者。这要求管理人员具备相关的专业技术知识，做到熟练掌握所在单位的发展定位、工作重点以及涉及的学科基础知识，还需具备一定的管理学知识，能做好沟通的桥梁、掌握管理的方式技巧，具备管理统筹能力，同时还要求能够掌握国内外发展前沿动态、相关国家政策法规信息。① 近年，国家不断强调创新的重要性，实施创新驱动发展战略。习近平总书记强调，要坚持科技创新和制度创新"双轮驱动"，以问题为导向，以需求为牵引，在实践载体、制度安排、政策保障、环境营造上下功夫，在创新主体、创新基础、创新资源、创新环境等方面持续用力，强化国家战略科技力量，提升国家创新体系整体效能。农业科研管理者也应抓住新机遇，打破传统管理理念的约束，为农业科研工作做好保障，充分利用信息技术带来的便捷性，不断创新管理机制，调动科技工作者的积极主动性和创新性，营造单位内部的创新环境；通过向先进的人力资源管理机构或者内部培训学习管理经验，结合本单位的人力资源管理实际，将理论学习转化为实践，主动探索管理的新方式新手段，提升管理创新能力，更好地服务本单位农业科技工作者。

（本讲得到博士生葛晓琳帮助收集资料、整理稿件）

---

① 马帅，周晶，徐兵强，2017. 谈新时期农业科研管理人员应具备的素质与能力 [J]. 中国农业信息（24）：49-50.

激发"雁阵效应"
让科研团队行稳致远

主讲人：康相涛

教授，博士生导师，河南农业大学副校长，中原学者，教育部、农业农村部创新团队带头人。长期从事地方鸡品种保护与利用研究，获国家技术发明奖和科学技术进步奖二等奖各 1 项、育成国审新品种 2 个，以第一发明人获得授权发明专利 34 项。荣膺国务院全国先进工作者、农业农村部中华农业英才奖和中国科学技术协会全国优秀科技工作者等称号。

习近平总书记指出："创新是引领发展的第一动力。""科技成果只有同国家需要、人民要求、市场需求相结合，完成从科学研究、实验开发、推广应用的三级跳，才能真正实现创新价值、实现创新驱动发展。"

河南农业大学康相涛教授带领的地方鸡资源保护利用团队，依托百廿老校传统优势学科的深厚底蕴，在近半个世纪、几代人的接续努力下，坚持把"四个面向"放在首位，秉承"自力更生、勇攀高峰、团结协作、积极奉献"的团队精神，紧紧围绕不同历史阶段行业发展的需求，以"雁阵效应"激发团队活力，在开展科学研究与技术服务工作中头雁展翅，群雁奋飞，相互扶持，共同进步，取得了特色鲜明的研究成果和业界影响力，先后入选教育部长江学者发展计划创新团队、农业农村部杰出人才创新团队，真正做到了把论文写在祖国大地上。

正如非洲谚语所言，"一个人可以走得很快，但不可能走得很远，只有一群人才能走得更远"。在农业科研团队管理与协作能力方面，该团队的成功案例可资借鉴。

一、团队简介

(一) 团队负责人：头雁领航齐奋飞

头雁领航，要聚担当之翎。大雁南飞，头雁引领雁队前进方向，带领整个雁群飞越千山万水抵达目的地，责任重大。

河南农业大学地方鸡资源保护利用团队带头人康相涛教授，37 年如一日致力地方鸡种质资源保护利用研究，为维护畜禽遗传多样性、打造中国"鸡芯"不舍昼夜、不已于行。

20 世纪 90 年代，大量国外鸡品种进入中国市场，康相涛教授敏锐地察觉到这种情况可能产生的严重后果，毅然开启了漫长的地方鸡种保护利用研究之路，历经 37 年潜心探索终能"点石成金"。提出"单流向"利用保护理念，创新分领域保护技术与多重保护模式，构建最系统的保护利用技术体系，破解了地方鸡保护与利用兼顾难题。他提出"通用核心系"培育理念，利用国内外优良品种素材，分领域培育出系列"核心系"。创新"快速平衡"育种技术，破解高产、优质难以兼顾的技术难题。建立繁育制种技术模式，实现低成本、简捷化制种。主持培育 2 个国审新品种，以第一完成人获国家技术发明奖二等奖 1 项、国家科学技术进步奖二等奖 1 项、中国产学研合作创新成果奖二等奖 1 项以及河南省科学技术进步奖一等奖 1 项、二等奖 2 项，获国家级教学成果奖二等奖 1 项（排名第二）及河南省高等教育教学成果奖一等奖 1 项，授权发明专利 34 项，为实现"十四五"我国畜禽种业振兴、破解"卡脖子"问题提供了科技创新支撑。

康相涛教授时刻不忘自己是农民之子，长年奔走基层，努力探索打通成果转化"最后一公里"的长效途径。他将创新资源和专利技术无偿转化，使藏在深山人未知的土鸡蝶变为产业发展和农民致富的"金凤凰"。

如今的康相涛教授已成长为中原学者，教育部、农业农村部创新团队带头人，"十二五"国家高技术研究发展计划（863 计划）现代农业技术领域主题专家组成员，享受国务院政府特殊津贴。现任河南农业大学副校长的他，还兼任中国优质禽育种与生产研究会、中国畜牧兽医学会家禽学分会副理事长。先后被国务院、农业农村部、中国科学技术协会授予全国先进工作者、中华农业英才奖和全国优秀科技工作者等荣誉称号。

在康相涛教授头雁效应下，整个雁阵团队已拥有骨干成员 15 名，均为博士研究生，5 人具有海外学习工作经历。其中教授 7 人、副教授 5 人；博士生导师 4 人、硕士生导师 13 人；55 岁以上 2 人、46～55 岁 3 人、36～45 岁 5 人、35 岁以下 5 人。拥有"十四五"畜禽新品种培育与现代牧场专项专家组专家 1 人，国家青年科技托举计划获得者 1 人，中原学者、河南省特聘教授、中原科技创新领军人才各 1 人，中原青年拔尖人才 3 人。团队成员多数来自知名高校和科研院所，学缘广泛；专业背景有遗传育种、动物营养、畜牧工程、基础兽医和预防兽医等，学科产业链条完备，交叉互补性强。

头雁昂首鸣，群雁振翅飞。团队长期致力地方鸡种质资源保护与利用研究，形成四个稳定方向：一是地方鸡种质资源保护利用与新品种培育；二是鸡优异性状形成的分子机制研究；三是鸡繁殖性能遗传调控机制解析；四是家禽健康养殖技术研究。团队先后建成农业农村部学科群重点实验室以及河南省家禽种质资源创新工程研究中心、河南省家禽资源创新利用重点实验室、河南省家禽育种国际联合实验室、河南省家禽育种工程技术研究中心、河南省家禽产业技术创新战略联盟等 6 个省部级平台，以及 1 个河南省家禽种质资源活体基因库。

2000 年以来，团队先后承担完成国家"十二五"863 计划、农业科技跨越计划、国家自然科学基金、河南省重大科技攻关等国家和省部级课题 50 余项；现承担"十四五"国家重点研发专项、国家蛋鸡产业技术体系遗传育种岗位专项、国家自然科学基金等国家和省部级课题 20 余项；围绕家禽种质资源发掘创新和开发利用，获授权发明专利 46 项；新发现国家遗传资源 1 个，育出特色新品系 21 个，创建制种模式 15 套，获批国审新品种（配套系）3 个，发表科技论文 400 余篇，出版著作 23 部，培养研究生 150 人。中心下属的家禽种质资源场现保存鸡种质资源 29 个，与国内 30 余家国家级或省级龙头企业密切合作，育成一批新品种、新品系，为维护家禽种业国家战略安全、服务乡村振兴和行业产业发展作出了重要贡献。

（二）发展历程：接续创新成雁阵

河南农业大学地方鸡资源保护利用团队渊源悠久，可上溯至 20 世纪 80 年代的河南农业大学家禽学科教研室。近半个世纪以来，团队始终围绕国家急需、紧盯产业发展，不断聚拢人气、凝练方向，逐渐形成人员稳定、深度协作、特色鲜明、优势突出的国家级创新型科研团队。回顾团队发展历程，大致可划分为以下五个关键阶段：

1. 雏雁破壳（1981—1995 年）：高产褐壳蛋鸡育种显峥嵘

团队发端于当时的家禽学科教研室。在老一代科学家赖银生教授带领下，依托当时的河南省科技攻关项目，聚拢了王俊士、罗广建、郭诚、魏福祺等一批从事家禽育种和生产、家禽营养及疾病防治相关学科的骨干教师，涵盖了家禽学科不同的研究方向。

当时的团队带头人已开始注重跨学科发展，自我造血和良性循环，为团队后来的发展奠定了良好基础。学校产、学、研基地家禽资源场，始建于 1981 年，建场之初仅有两栋散养鸡舍，放眼望去荒地一片、粪泥难分，教学难以满足，科研无从谈起，生产连年亏损。

适逢"七五""八五"时期我国畜禽养殖业快速发展，时任校领导果断决策，由家禽学科教研室主任赖银生教授牵头，教研室接手并全面负责资源场的人、财、物，由此走上了以"科研促生产、生产反哺科研"的自我创收、良性循环发展之路，这一道路使产、学、研基地快速发展，资源场规模达到最大时的 15 栋鸡舍。现任团队带头人康相涛正是在 1985 年大学毕业后就加入了初创时期的团队。

由于科研条件得到质的改善，充分满足了这一时期面对产业发展中高产品种短缺、急需开展高产蛋鸡育种攻关的现实需求。经 7 年的攻关，培育出了河南省唯一的高产蛋鸡品种"豫州褐壳蛋鸡 913"。这一品种先后推广覆盖到河南、陕西、山东等 7 省市，成果于 1992 年获河南省科学技术进步奖三等奖。

2. 雁群初成（1996—2000 年）：地方鸡保用开新篇

"九五"时期，我国家禽产业发生重要变化，市场需求逐渐由高产快长型向优质风味型转变。团队审时度势，逐渐将研究方向从高产蛋鸡育种技术研究转向地方鸡种质资源挖掘利用。

高产蛋鸡育种产业化技术研究。针对"八五"期间国内外高产蛋鸡生产中均出现自别雌雄准确率下降的问题，团队自"九五"开始，进行了系统研究，结果发现自别雌雄准确率下降是由于白羽母本羽色被红锈羽修饰基因干扰所致。在此基础上，团队研究出一套系统解决方案，被国内蛋鸡育种者广泛应用，众多企业受益。这一成果于 1998 年获河南省科学技术进步奖三等奖。

开启地方鸡保护利用新篇章。自"九五"开始，开启收集整理地方鸡品种资源与相关研究工作。在广泛收集地方鸡种质资源基础上，建成河南农业大学家禽种质资源场，以该资源场为核心的产学研基地建设成果——"创建校内'三结合'基地的研究与实践"于 2000 年荣获国家级教学成果二等奖。

3. 雁阵壮大（2001—2010 年）：国家 863 计划强根固基

进入 21 世纪，围绕地方鸡资源保种模式探索、核心系培育和配套、"三位一体"保种体系创建以及性状形成分子机制等，团队开展了一系列研究工作。自"十五"规划开端以来，在团队学术带头人康相涛教授的带领下，不断凝练方向、积聚人气，在团队的规模、研究方向与特色、平台条件建设等方面均取得可喜突破，为快速发展奠定了良好基础。

2002 年，牵头主持国家 863 计划项目《优质特色固始鸡、三黄鸡等新品种选育技术研究》，中国农业大学、华南农业大学及广东温氏集团、固始三高集团两家国家产业化重点龙头企业共同参与完成。2003年，研究成果"固始鸡主要营养参数的研究与应用"获河南省科学技术进步奖二等奖。2004年，建立国内唯一青胫黄麻羽固始鸡—安卡鸡资源群体。2006年，组建河南省家禽种质资源创新工程研究中心，下属资源场保存21个鸡种资源，成为国内重要的地方鸡基因库。

2008年，"家禽种质资源优异性状发掘创新与利用团队"获批河南省创新型科技团队，团队带头人康相涛教授入选国家蛋鸡产业技术体系遗传育种岗位科学家。同年，研究成果"中国地方鸡优异性状发掘创新与应用"获国家技术发明二等奖，为国内家禽学科首个国家技术发明二等奖，获评改革开放30年河南省10项重大科技成果之一。2009年，获批河南省家禽种质资源创新工程技术中心，建立国内第一家中国鸡文化博物馆及生态放养保种基地，并创建了"三位一体"保种体系。2010年，获批河南省高校动物遗传育种与生产工程重点实验室。

4. 雁阵奋进（2011—2018年）：新品种傲立鸡群

"十二五"以来，团队在既有优势的基础上，围绕地方鸡种质资源保护以及优异性状发掘创新与应用，在青胫黄麻羽鸡、丝毛乌骨鸡、优质土种粉壳蛋鸡和绿壳蛋鸡四个领域开展了一系列研究，前瞻性地开展了"三栖"鸡、优质白羽肉鸡、耐粗饲鸡和宠物鸡新品系选育等储备性研究。同时，一批高学历、高素质的专业人才加入团队，形成了一支方向稳定、特色鲜明、优势明显、在国内同行业中具有较高知名度的研究团队。

团队在平台建设、人才培养、创新成果等方面取得了长足发展：2011年，组建河南省家禽育种工程技术中心；2012年，入选教育部长江学者与创新团队支持计划，并于2016年以优秀团队获教育部滚动支持；2012年，入选农业部杰出人才与创新团队；2013年，三高青脚黄鸡3号通过国家新品种审定；2015年，豫粉1号蛋鸡通过国家新品种审定；2016年，研究成果"地方鸡种保护利用技术体系创建及应用"获河南省科学技术进步奖一等奖；2017年，团队获得首届河南省十大创新争先团队奖；2018年，研究成果"地方鸡保护利用技术体系创建及应用"获国家科学技术进步奖二等奖。

团队发展获得广泛认可，原全国政协主席贾庆林，原河南省委书记徐光春，原中国畜牧兽医学会理事长、中国科学院吴常信院士，原中国畜牧兽医学会理事长、中国工程院院士陈焕春教授，已故动物遗传育种学家盛志廉教授等到本团队视察或指导。

5. 雁阵乘风（2019 年至今）：服务国家重大需求

中美贸易摩擦让国人充分认识到种业自立自强的战略意义，面对纷繁复杂的国际局势，确保我国农业发展的基础——种业安全成为国家重中之重。2021 年，中央全面深化改革委员会审议通过了《种业振兴行动方案》。团队更加认识到种业自强的使命与担当，围绕国家畜禽遗传资源保护利用以及种业发展的战略需求，将家禽种业"卡脖子"问题作为工作重心，积极跟踪相关学科发展动态，围绕本领域前沿方向，不断增强科技创新能力。

2019 年，国内一流的家禽种质资源场成功迁至原阳县福宁集镇河南农业大学现代农业科教园区，地方鸡资源保护浴火重生。2019 年，获批"鸡种质资源保护与优异性状发掘利用"中原学者科学家工作室。2021 年，构建了国际上首个鸡泛基因组，首次解析了鸡生长性状主效基因 IGF2BP1 的原因突变，成果于 2021 年在线发表于国际知名期刊 *Molecular Biology and Evolution* （IF：16. 24）上。2021 年，新建成的家禽种质资源场被认定为首批河南省农业种质资源保护单位（鸡活体基因库），并获批河南省美丽牧场。2021 年，发明专利"一种横斑浅芦花鸡新品系的培育方法"获得中国专利奖优秀奖。2021 年，团队负责人康相涛教授荣获农业农村部"中华农业英才奖"。至今，团队成员累计主持承担国家自然科学基金项目 18 项，基础研究创新能力显著增强。2022 年，研究成果"国审新品种豫粉 1 号蛋鸡配套系培育及产业化"获得中国产学研创新成果奖二等奖，"地方鸡种保护利用技术体系创建与应用"成果入选"中国这十年·河南十项重大战略性研发成果"及"中国畜禽种业 70 年"标志性成果。2022 年，获批农业农村部畜禽资源（家禽）评价利用重点实验室。

二、团队管理做法

团队发展首要在人，用人之道在制度、在创新。河南农业大学地方鸡资源保护利用团队注重向科研要生产力，向管理要战斗力，用科学的机制确保团队人才"万类霜天竞自由"，从而美美与共。

（一）建章立制保长效，多样激励强活力

"经国序民，正其制度。"建立一套完善、长效的团队内部管理制度，是激发团队凝聚力、向心力和创新力的关键。制度必须科学恰当，如果管得过死，团队缺少灵活性和创造性；相反，如果疏于管理，团队成员则缺乏相互协作，心不能往一处想，劲儿不能往一处使，自然也不能形成整体合力。

农业科研团队与其他团队相比，最大的特点是"顶天立地"，因此，在管理上既要协调基础研究人员与经费安排，又要协调产业应用研究成员权益；既要协调团队成员间的关系，又要协调团队与合作企业的关系。只有构建合理的人才评价机制、竞争激励机制、考核引导机制、福利分配机制、分工合作机制等管理制度，才能使团队成员既有个人明确的科研领域，又有与团队融为一体的共同目标，最终实现个人和团队的"双赢"。在长期的实践中，团队内部及与合作企业间建立起了一套成熟的"八统一"管理模式和相应运行机制，主要如下：

管理模式：在经费、实验室、基地、合作企业、学生、课题申报与实施、课题结题与成果产出八个方面做到"八统一"，明确目标、任务到人、责权清晰、统一管理。

运行机制：团队与企业间建立联络员制度，负责工作的对接与执行。

合作机制：团队与企业每季度定期召开合作研讨会，根据市场信息调整研发方向；或根据企业、团队研发进展情况随时召开研讨会。企业每家1个主打产品，其他产品N+1资源共享；申报与完成项目互相配合，经费由主持方独立使用。

奖惩机制：团队和企业间建立工作绩效考核与奖惩制度，实现责权利的统一。

按照上述管理模式，团队内部在试剂采购、仪器使用管理与培训、课题组资料管理、固定资产登记、团队网站建设与管理、文章发表、资源场工作安排、学生管理、实验室安全等日常管理，项目申报、项目实施和结题、成果和奖励申报、合作企业和资源场协调管理、经费报账等科研管理，以及与企业间的合作项目落实与对接、定期沟通与互访等方面，均实现责任到人。团队内部所有的工作计划和总结、意见和建议、决策等，均通过不同的议事制度来完成，充分发挥了集体智慧，提高了团队运转效率。"八统一"管理模式的实施，使团队带头人"胸怀宽广容纳人、吃亏在先奉献人"和团队成员"讲协作、比贡献"的氛围蔚然成风，加上成果激励、目标激励、荣誉激励等多样激励手段的建立，调动了团队成员投身科研工作的积极性，保障了各项任务的有效落实。

（二）目标清晰方向明，分工协作责任清

美好的愿景、卓越的带头人是团队建设的基石，但团队任务必须在清晰的目标指引下才能完成。管理大师彼得·德鲁克曾说，"团队的任务必须转化为目标，团队管理人员必须通过这些目标对下级进行领导，并以此来保证总目标的实现"。尽管团队成员没有管理学理论指导，但在目标的设定与管理方面非常科学前瞻。

团队早期成立时，为开发出豫州褐蛋鸡新品种，邀请育种组王俊士、传染病组魏福祺和畜牧站郭诚、罗广健、杨玉贞，以及养禽组焦兴太、康相涛、李明、马长城等成员加入。每人都有明确的任务分工。每周召开一次例会，汇报上一周的工作进展。

团队发展中期，在科研上设定 4 个研究方向：地方鸡种质资源保护与利用、地方鸡优异性状形成分子调控机制与分子育种、生产应激及营养调控机理与高端产品生产研究等。这些研究方向契合市场对禽产品由数量到质量的需求变化，瞄准了不同发展时期存在的关键技术问题。每个研究方向都有一批骨干教师在夜以继日地探索着。

人人有事做，事事有人做。团队运行事务繁多，在分工协作完成各自目标的同时，团队总体目标也得以实现。团队建立了分工合作制度，在实验室管理、科研工作、校企合作等方面分工有序、合作无间，确保最大限度地发挥每位团队成员的科研工作积极性。

实验室管理方面，由韩瑞丽、孙桂荣、李红、李文婷、张彦华、宫玉杰负责，工作内容涉及试剂采购、Semina 报告的组织、实验室安全、设备运行维护与技术培训、固定资产登记（账户和密码移交）、网站建设及管理、文章发表、投稿登记与奖励；资源场工作协调等；学生毕业时相关数据、论文等的收集与保存；实验室学生"三助"等。

科研工作方面，康相涛负责科研框架总体布局及奖励制度设计，孙桂荣负责团队经费、财务决算等；刘小军、孙桂荣、闫峰宾和李国喜负责国家自然科学基金、教育部和农业农村部相关课题；蒋瑞瑞负责国家蛋鸡体系相关工作；王彦彬负责中原学者工作站；李转见负责中原学者项目和工程中心项目；田亚东负责省院合作项目。

校企合作方面，团队成员分工负责与企业定向合作交流。如田亚东负责固始三高、南海禽业的对接合作；韩瑞丽负责湖南吉泰、宁夏固源鸡的对接合作；蒋瑞瑞、李转见分别负责永达禽业与卢氏绿壳蛋鸡、贵州长顺绿壳蛋鸡企业的对接合作；李国喜负责以黄胫丝毛鸡和肉乌鸡（乌皮分子标记）为切入点，与永达建立乌鸡育种全面战略合作；刘小军负责正阳三黄鸡肉用、蛋用产品开发配套体系的研发工作；田亚东、李东华、熊延宏、李转见共同负责资源场现场管理。

（三）面向需求筑愿景，事业驱动聚英才

"伟大的事业始于梦想。"对团队而言，梦想就是愿景。团队从组建之初到发展至今，始终围绕国家重大战略和区域经济社会需求，紧密结合行业发展，怀揣着"让国人吃得好、吃得放心"构筑团队事业发展愿景，以愿景汇聚人才，以事业驱动人才成长。

1985—1995 年，高产蛋鸡市场需求较大。尽管当时可以从国外进口高产蛋鸡品种，但进口品种总是跟在别人后面跑，需代代引，受制于人。时任副校长尹凤阁教授极力主张自己育种，树立了"育自己的种，育最好的种"这一团队理念。家禽团队经过艰苦努力，培育出河南省唯一的高产蛋鸡品种"豫州褐壳蛋鸡"，并获河南省科技进步三等奖。

1995 年以来，国内养鸡产业发展需求朝着优质方向转变。团队及时将研究方向调整为地方鸡品种资源收集整理，收集保存了 21 个代表我国地方鸡资源的特色素材。此后，以品种保护为引领，将主攻方向转向保种探索、核心系培育和配套、"三位一体"保种体系创建以及性状形成分子机制研究。通过与企业合作，建立了国内唯一的青胫黄麻羽固始鸡×安卡鸡 F_2 资源群，建成了国内第一家中国鸡文化博物馆及生态放养保种基地，创建了"三位一体"保种体系。在全国家禽科技工作者及业界同仁的共同努力下，以地方鸡发展起来的

优质肉鸡产业得到快速发展，打破了国外品种一统天下、种源几乎全部依赖国外引进的尴尬局面。

2010 年以来，国家越来越重视种业发展。团队以健康美味、种质资源保护与种业安全为己任，进一步加强了以种质资源保护、优异性状发掘和性状形成分子机制的阐释等研究工作，取得了丰硕成果：2011 年，组建了河南省家禽育种工程技术中心，推广实施"三位一体"保种体系；2011 年、2012 年送审 2 个配套系，2012—2013 年，完成 2 个配套系国家性能测定站测定工作；2013 年申报 8 项专利，围绕解析优异性状形成分子机制及标记筛选，建立快速繁育体系。

栽下梧桐树，引得凤凰来。随着团队在行业的口碑和影响力日益彰显，一批家禽学科优秀人才和有志之士纷纷加入。2002 年，来自四川农业大学的孙桂荣、山东农业大学的韩瑞丽、大连海洋大学的李国喜加入；2006 年，团队培养的第一位硕士研究生田亚东从中国农业科学院博士学成归来；2013 年，在爱丁堡大学医学院、罗斯林研究所从事科研工作 10 多年的刘小军博士加盟；之后，西北农林科技大学博士李转见、中国农业大学博士李文婷、浙江大学宫玉杰以及本团队培养的李红、李东华和张彦华 3 位优秀博士先后进入团队。如今，他们已经成长为业务骨干和行业精英。经过 30 多年发展，逐步成长为一支方向稳定、特色鲜明、优势明显、在国内家禽行业中颇具知名度的优秀团队。

（四）以人为本重关怀，培养提升促共荣

关怀激励被管理学家称之为"爱的经济学"。团队带头人康相涛教授一向对团队成员关怀备至，不仅鼓励成员个人积极成长和开展广泛的学术探索，而且及时了解成员家庭情况、性格类型、知识结构，使团队持续保持积极合作、昂扬奋进的状态。

"我是一名光荣的人民教师！"康相涛教授始终将这句话作为立身之本、行为准则。不管在科技创新领域有过多少突破，不管在服务"三农"的过程中创造了多少效益，不管在行政管理岗位上做出多少业绩，他从未忘记自己的根在三尺讲台。正是因为长期的执教生涯，他能够充分理解青年教师成长的艰辛，并不遗余力地给予关心、帮助和支持。为帮助团队骨干田亚东博士快速成长，

全力帮助其作为河南省博士服务团成员到兰考晓鸣禽业有限公司挂职锻炼，在省派挂职结束时又倾力支持他作为中组部博士服务团成员到新疆生产建设兵团第 14 师农业局挂职交流。同时，支持团队成员李国喜、王彦彬、孙桂荣、韩瑞丽在职攻读博士，支持韩瑞丽、孙桂荣、蒋瑞瑞等出国留学交流。支持青年教师作为省委组织部博士服务团成员挂职，李转见挂职正阳县科技副县长、李东华挂职滑县产业集聚区管理委员会副主任等。正是感受到"如家"的氛围，每位成员以团队为家，找准定位，共生共荣。

（五）协同创新共发展，科研生产双丰收

一线出思路，实践出真知，应用学科只有与产业、市场紧密结合，才能找准切入点和关键点，更好地服务企业和产业发展。基于"传承、团结、协作、共赢"的文化理念，团队长期坚持"紧盯产业搞创新、合作互信促共赢"的发展思路，团队带头人康相涛教授始终将"科研与产业结合、团队与企业结合"这一原则贯穿到团队建设上，坚持团队建设与基地建设相互促进，以科研促生产，以生产反哺科研，完善协同创新机制，实现校企合作共赢。

围绕地方鸡资源开发，团队探索了"校地企农多赢"的产学研合作新模式。早在 2000 年，团队就与三高农牧集团签订长达 20 年的技术合同，约定三高农牧集团利用河南农业大学家禽资源场人员、技术和设备，组建河南农业大学三高固始鸡育种中心，企业负责日常饲养管理，团队负责育种和研究工作。双方联合建立河南家禽育种工程技术中心科研工作站，共同承担了国家 863 计划、省科技攻关计划等。基于双方卓有成效的合作，打造出了"固始鸡"这一著名品牌，三高农牧集团也因此成为目前全国著名的地方优质鸡繁育供种企业，并入选全国农业产业化国家重点龙头企业。2020 年，在圆满合作 20 周年之际，双方又签订了第二个 20 年合作协议。《光明日报》和《科技日报》先后对"校地企农多赢"产学研合作新模式，以及团队与企业"零距离"合作打造产学研结合典范的成功经验，进行宣传报道。37 年来，团队同河南三高农牧集团、湖南吉泰农牧股份有限公司、贵州柳江畜禽有限公司、广东佛山市南海种禽有限公司、宁夏晓鸣农牧股份有限公司、广东金种农牧科技股份有限公司等国内 23 个省（市）的 30 余家农业龙头企业建立了密切的产学研合作关系，

共建成国家级、省部级科研平台 13 个，创新地方鸡产业化开发服务模式，建成多处保种基地，使 8 万多养殖场户降本增效、脱贫致富奔小康。在团队与企业的双方合作中，建立了企业将育种场放在高校、以高校为主导的联合育种新模式，支撑河南三高农牧集团成为国家龙头企业，获批国家核心育种场及 2 个国家产业体系综合实验站，育成 2 个国审品种，使固始鸡成为我国保护利用最成功的地方品种之一。建立了团队为主导、多平台联动的协同创新和成果转化新模式，将创新资源和专利技术提供给 18 个鸡保种场和 19 家龙头企业无偿使用，服务区域经济和脱贫攻坚。创新了适用于中小养殖企业科技服务的联络员机制，有效破解了人才、技术匮乏的困局。

三、团队管理经验

37 年栉风沐雨，37 载世事沧桑，回顾团队一路走来的做法以及取得的丰硕成果，可以用"五个好"来概括团队管理与协作能力提升的相关经验。

（一）一只好头雁，群雁齐归心

头雁展翅，群雁奋飞。团队带头人不仅需要有较高的自身专业素养，而且更需要有强烈的使命感、超强的品格魅力、优异的凝聚力等。唯其如此，才能带领团队走得更高更远。团队成立初期，以老一代科学家赖银生教授为带头人的团队就树立了"培育自己的品种，满足国内市场需求"的强烈使命感。时至今日，康相涛教授依然带领团队秉承这一使命，践行习近平总书记"种源安全关系到国家安全"的理念，不断攀登新的科技高峰。

"做正直的人，做正确的事"是团队负责人康相涛教授品格魅力的真实写照。早在"七五"时期承担豫州褐蛋鸡攻关研究时，康相涛教授跟随老一代科学家赖银生教授，坚定不移地走"科研承包、自主创业"的发展道路，形成了"敢、闯、改"的品格，后来在团队管理中，这一品格魅力不断得到强化，在赢得团队成员广泛尊重的同时，也逐渐形成团队的精神文化。

团队带头人的作用还在于带领团队成员朝着共同目标而奋斗。在这一点上，康相涛教授早早建立并执行团结法则：主持者一视同仁，以身作则，议事民主，坚持原则，尊重科学，鼓励创新，发挥特长，机会平等。这一法则延续至今，使得团队一直保持着良好的凝聚力和向心力。

1986 年初，老一代团队带头人赖银生教授在河南省科委农业处的座谈会上，根据产业发展急需，提出开展高产褐壳蛋鸡品系配套研究。后经多方努力将"豫州褐壳蛋鸡品系配套培育研究"列为河南省养殖业的"七五"攻关重大项目之一，以此项目为牵引，正式开始组建团队。第一代 10 人的科技攻关队伍发扬艰苦创业、自力更生精神，奋战七年，白手起家建设种鸡场。当年的团队成员康相涛教授去北京购鸡笼，为了节省运输费，拿着馒头蹲守公主坟两天，打探回郑州的空车捎运，最终实现了一次性节省成本近 500 元；团队成员郭诚到南曹肉鸡示范场代孵小鸡，经常骑自行车奔波 15～20 公里，回场后从未要过误餐补助。大家心齐劲足，把每一分钱都用在最关键的科研生产中去，尽可能地把非科研生产开支压缩在最低的限度范围。

现团队带头人康相涛教授 1985 年毕业留校，在学校家禽基地简陋的房子里一住就是 16 个年头，吃住在鸡场，和成群的鸡、牛做了 16 年邻居，每天伴着鸡鸣而起，伴着奶牛的反刍声入眠。即使后来搬离鸡场，不管事务再忙，他仍坚持每周到鸡舍看看，每逢选种等重要事宜必定亲临现场操作。他以身作则，率先垂范，以严谨的治学精神，刻苦钻研新知识、新业务，潜心研究难点问题，矢志不渝地围绕着鸡进行创新性研究，实现了从毛头小伙到行业专家的华丽转身。

两代带头人的言传身教，深深地影响着团队每个成员。目前团队中，到了本可以躺平年龄的田亚东教授，坚持到资源场挑鸡、选鸡、观测数据指标、观察群体状况、制定育种计划。海归专家刘小军教授，本来已经在英国打下了自己的一片天地，毅然放弃国外优渥的工作条件和生活待遇加盟团队，每天坚持在实验室工作到深夜。新入职女博士李东华到岗后在家禽资源场一住就是一年多，婚期也是一拖再拖。团队成员李文婷把自己未满周岁的孩子留在东北老家。为了工作生活两不误，韩瑞丽、孙桂荣、蒋瑞瑞等同志经常带着小孩进鸡场！可以说，团队成员的不少子女都是听着鸡叫声长大的……为了实现科技自立自强、确保家禽种业安全的共同目标，在带头人的带领下，团队成员心往一处用、劲往一处使、拧成一股绳，形成了讲协作、比贡献、讲奉献的良好氛围。

（二）一个好愿景，凝聚筑梦人

愿景是团队发展前景与发展方向的描述性概括。每一个科研人都是有梦想的人，也都在追逐自己的梦想。每个科研团队都在做人们轻易不敢想的事，做人们没有尝试的事。家禽团队在成立初期，以培育豫州褐蛋鸡为目标，在发展过程中逐渐形成了团队的愿景——"育自己的种，育最好的种"。正是秉承这一愿景，在跟随老一代科学家赖银生教授带领团队培育出豫州褐壳蛋鸡的基础上，康相涛教授带领团队先后创制了 15 套育种与制种新模式，创新培育出矮小型绿壳蛋鸡、横斑浅芦花鸡等 19 个核心特色新品系，为提升我国地方鸡资源创新利用和新品种自主培育能力提供了有力的支撑。特别是习近平总书记将农业种业发展上升为国家战略以后，团队愿景更加契合国家战略需求，更加激励着团队成员奋勇争先、开拓创新。

（三）一腔好情怀，拳拳赤子心

作为农大学生、教师，康相涛教授及其团队一直践行"明德自强、求是力行"的河南农业大学校训，一直坚持"艰苦创业、永攀高峰、自力更生"的探索精神，一直秉承"爱农、扶农、兴农"的赤子情怀。因为情怀，他带领工人一砖一瓦建设鸡场鸡舍，曾经为节省运输费而在北京公主坟附近守候两天等待返豫空车拉回鸡笼，曾经为鸡种质资源场拆迁而潸然泪下。因为情怀，从 1985 年毕业留校以来，就一头扎进实验基地，开始了以求真实践为战场的 37 年教学科研生产生涯。在教书育人上，"教好书，更要育好人"是其座右铭，注重言传身教，引导学生全面发展，早日成才；在科研上，"勇攀高峰"是其科研精神的写照，带领团队两次斩获国家科技大奖就是最好的答卷；在社会服务上，他经常不辞辛劳地深入农村基层，通过培训授课、现场技术指导等多种形式提供科学技术，帮助农民增收致富，被农民朋友亲切地称为"鸡司令""养鸡教授"。康相涛教授这种浓厚的"三农"情结、心系民生的赤子情怀，也深深感染着团队每一位成员。而今，团队成员无不在教学科研、社会服务一线上只争朝夕，奋发作为，书写一腔"繁霜尽是心头血，洒向千峰秋叶丹"的爱国忧民情怀。

（四）一支好队伍，代有才人出

在党的十一届三中全会精神的感召下，人人勇拼搏，个个讲奉献，为建鸡场大家曾经在暑期炎热天气下连续奋战 15 天，无报酬、无福利，但大家干劲十足、热火朝天。一批成员在这一过程中得到快速成长。田亚东博士成长为河南农业大学动物科技学院副院长，教授、博士生导师，是中国畜牧兽医学会家禽学分会理事、中国优质禽育种与生产研究会常务理事、河南省畜牧兽医学会副秘书长、河南省家禽产业技术创新战略联盟秘书长、河南省鸡种质资源创新与利用重点实验室主任。刘小军教授，2013 年加入团队，成为地方鸡优异性状形成的分子机理方向带头人，极大提升了团队基础研究实力。王彦斌、李国喜、孙桂荣、韩瑞丽先后晋级教授，其他成员如闫峰宾、李转见、李红、李东华、张彦华等都在团队发展中快速成长并实现自我价值。2021 年，团队最年轻的李文婷博士顺利晋升副教授并荣获国家青年人才托举工程支持，实现中国畜牧兽医学会近几年的新突破。团队成员李转见 2022 年入选国家蛋鸡体系遗传育种岗位专家等。

（五）一套好制度，护航不迷途

制度建设是团队建设的根本。一路走来，家禽团队高度注重团队制度建设，在不同时期依据需要设立相应的管理制度，激励着团队成员奋发向上。团队在成立初期，为协调技、工、贸之间关系，制定了包含干部管理、工人管理、技术管理、生产承包管理、产品承销管理、财产财务管理、职工福利管理等一整套管理制度；在发展中期，为协调教学科研关系，制定了经费、实验室、基地、合作企业、学生、课题申报、课题实施、课题结题的"八统一"管理制度；为与合作企业协同发展，在团队组建、工作运行、研发决策、成果分享、奖惩机制等方面建立了卓有成效的合作制度。得益于这一系列制度，事事有人抓，人人有责任，分工明确，协作顺畅。

37 载春华秋实，康相涛教授以"忘我之心做事，感恩之心做人"的人格魅力，秉承老一代团队前贤的优良作风，为地方鸡研究聚拢了一流团队，产出了一流成果，作出一流贡献。

当今世界正经历百年未有之大变局，我国正处于实现中华民族伟大复兴的关键时期，康相涛教授及其团队坚信：在国家深入实施科教兴国战略和大力推进种业自强自立背景下，团队上下会拿出"不破楼兰终不还"的担当，"咬定青山不放松"的韧劲，切实瞄准发展中"卡脖子"的难题，自信自强、守正创新、踔厉奋发、勇毅前行，在地方鸡资源保护利用领域乘势而上、聚势而强，百尺竿头、更进一步！

（本讲在形成过程中，得到了校宣传部、人事处、发展规划处、社会科学处、学报编辑部、生命科学学院、动物科技学院及家禽团队等领导、老师和同志们的帮助和支持）

青年科技人才在"三农"领域大有可为

主讲人：金书秦

研究员、博士生导师，现任农业农村部农村经济研究中心可持续发展研究室主任、绿色发展团队首席专家。入选国家"万人计划"青年拔尖人才（2019），全国农业农村系统先进个人（2019）、中国农学会青年科技奖（2020）获得者。兼任农业农村部畜禽养殖废弃物资源化利用技术指导委员会委员、重点流域农业面源污染治理专家委员会政策组组长、农膜回收指导专家组成员，团中央中长期青年发展规划咨询专家委员会委员。研究领域为农业资源经济和环境保护政策，主持国家重点研发计划、国家社会科学基金重点项目、中组部高层次人才特殊支持计划、农业生态环境保护财政专项等课题30余项；出版专著5部，在国内外学术期刊、主流报纸发表论文130余篇，成果获2015年度农业部软科学优秀成果二等奖、首届江苏农业科技奖二等奖。

习近平总书记指出："青年是祖国的未来、民族的希望，也是我们党的未来和希望。"1919 年那场以青年为主的爱国运动，揭开了中国新民主主义革命的序幕，也为中国共产党的建立带来了思想武器。一百多年来，在中国共产党的坚强领导下，中国从屈辱走向复兴，今天，我们已经实现全面小康并且迈过了人均收入 1 万美元的门槛，进入中高收入国家序列。"一粥一饭，当思来之不易"，农业是立国之本，对经济社会发展起着压舱石和战略后院的作用。农业青年科技工作者将承担起稳住压舱石、守好战略后院的重任。

作为部属政策咨询机构的"三农"政策研究者，我的主责主业是为国家"三农"工作提供决策参考，扎实的学术研究固然是提出政策建议的基础，但在哪里发表以及发表多少篇论文却只是研究过程中的副产物。任何一项政策的出台都是一大帮人共同努力的结果，专家学者只是其中一类人，还有国家和地方各级各部门的公务员、行业从业者、市场主体、社会组织等，在这么多人、这么长周期、这么多环节的政策制定过程，个体的贡献都是有限的，尤其是绝大多数专家并不直接参与决策。我更是如此，虽然十多年来直接或间接参加了农业资源环境保护领域政策研究的一些工作，但贡献甚微，更谈不上成功，本着为国谋良策的初心却也不敢有多大的失败。因此，以下我只是结合自己的经历谈谈工作过程中秉持的一些态度和考虑问题的角度，作为同辈教育，供大家参考和批评。

一、做学问是最幸福的职业

自 2010 年博士毕业进入农研中心工作，至今刚好 12 年。作为农研中心年轻的"老人"，我经常跟中心的年轻同志讲一句话：要珍惜做研究的工作，因为这几乎是最幸福的职业。在我的印象中，绝大部分职业是"劳动者拿到工资，产品归出资人"。但科研工作不一样，几乎实现了一个不可能三角形：我们可以获得国家或社会资助的科研经费，用于做我们自己感兴趣的工作；单位到月给我们发工资；最后每篇文章、每份报告几乎都白纸黑字署着我们自己的名字。打一个不恰当的比方，这就相当于有人帮我们造好了车间，配好了设备，然后给我们发工资，最后产品还归我们自己。目前我还想不出第二个能这么幸福的职业。

作为"三农"工作者，我们现在处于最好的时代。一方面，改革开放 40 多年来，"三农"发展形势持续向好，农民收入持续增长，农业生产能力大大提高，实现了从"8 亿人吃不饱到 14 亿人吃不完"的转变，这让我们有充足的空间谋划和思考"三农"的全面发展；另一方面，"三农"工作一直是全党工作的重中之重，党的十九大提出实施乡村振兴战略，并写入党章，将"三农"工作提升到全党、全局的战略高度，成为五级书记一起抓的"一把手"工程，这是前所未有的。作为党和国家重大战略，乡村振兴战略要实施到 2050 年，我们这一代青年"三农"工作者几乎可以从头到尾地投身到乡村振兴这项重大战略中，可以说是生逢其时、重任在肩。因此，我们的使命就是用整个职业生涯做好乡村振兴战略的答卷人，为国家"三农"政策出谋划策。所以，在我跃出农门后还能以研究者的身份服务"三农"，时常感觉到自己是时代的幸运儿，这份幸福感让我对工作充满感恩，也充满激情。

二、生活是最好的老师

我们这代人能够并且愿意拍着胸脯说"我是个农民"的已经不多，身边连"农民的儿子"都不多。很幸运，我有时还可以拍拍胸脯说："我是个农民"。一个最核心的指标就是在上大学前家在农村，各种农活都干过，回到村里，还能找出当年哪块地是以我的名义分的。按照承包地长久不变的原则，虽然我的户口已经迁出来 20 多年了，但这块地已经确权在父亲名下。

实际上，除了大学到博士的 9 年，我在学习环境保护相关的专业以外，其他时间也跟农业有关。17 岁上大学之前，家里还以务农为主，记忆最深刻的是每年的"双抢"，学校会专门放假让我们这些农村孩子回家去帮忙。那时候还是面朝黄土背朝天的劳作方式。这些辛苦的农事劳动，既是父母随时随地教育我们要好好念书的素材，确实也成为我想"逃离农村"的最大动力——实在是太苦。我家 7 口人，共分得 5.6 亩水田，一共有 10 块，最大的一块有 1 亩多，最小的一块只有 5 厘①。这是最重要的资产，一年至少要种两季水稻，有

---

① 厘为中国非法定计量单位，1 500 厘 = 1 公顷。下同。——编者注

的地块还要种一季油菜。

　　种稻子先要浸种，然后把种子撒到秧田里，刚出芽时由于撒得不均匀，或者有的小秧长得不正，所以要"顶秧"，就是用手指头把长得不正的小秧往下一摁把它顶直了，碰到稀疏差异大的还要把密集地方的秧匀到稀的地方，这个活儿一般要干3~5天，时间长了眼睛会肿。等秧苗长到快20厘米了，就该移栽了，把秧苗从秧田中拔出来，挑到其他田块，再一颗一颗栽下去，叫栽禾或插秧。中间经历几次施肥、打药和灌水，灌水是那时候农村最容易引起争斗的活动。在同一片区域水源只有一个，上面堵死了下面就没水了，一般按照先来后到，去得早的把田灌满后再往后轮，有不讲究的一来就把水一堵，下游没水了，灌水都要带个铁锹挖泥巴堵水，所以灌水的时候一争起来就容易把铁锹变成武器，打架是常有的事，有时候还有其他意外，我大哥去给秧田灌水时还被蛇咬过。抽穗、灌浆成熟后就要收割，收割是两个步骤，先割后收，割稻子用的镰刀，家里有几个人就会有几把镰刀，小孩有小号的。暑期天热，大人就拿竹板床睡在家门口的"禾场"，小孩喜欢凑堆，就会睡到谁家预制板做的房顶上，我们不少都是带着镰刀去睡觉，早上醒来趁着凉快就直接到田里去割上一阵稻子然后回家吃早饭。不管小孩还是大人，割稻子难免被镰刀划到手或腿，特别是小孩，受伤了，大人就会开玩笑说今天"吃鸡"了，意思就是让镰刀开荤了（据说现在有一款同名游戏）。稻子割完在田里晒上两天就该收了，最苦的是收稻子，要把稻子和秸秆一起挑回家，因为除了稻子是人的粮食，稻秆也是牛的粮食，牛吃不完还可以做柴火，总之是不会丢在地里一把火烧了的。一亩地大概就是600~800个小捆，我到十五六岁的时候也就能挑个40捆，大概60斤，离家最近的那块是我最喜欢的，只有300米，家门口就可以看见，离家最远的大概有3公里，一个来回就是1小时。挑稻子中间不能歇，因为一旦把稻子放地上就会有不少谷粒脱落，那可是半年的血汗。换肩膀那是最考验人的，要以脖子为轴心，从后面把扁担从一侧肩膀转到另一侧肩膀，肩膀脱皮那是年年要发生的事。夏天经常有雷阵雨，如果碰上下雨，就要跟打仗似地把割下的稻子抢着收回来。然后是脱粒，一般是晚上"打夜班"，用脚踩的脱粒机把稻子从稻草上脱下来。最后还要用手摇的风车把空壳筛掉，再次晾晒后才能归仓。收完早稻紧接着就是种晚稻，这中间的时间很短，要抢着干才不耽误全年的收成，所以叫"双抢"，也就是抢收抢种。

我之所以把水稻从种到收的过程写这么细，一是因为那些挑稻子把肩膀磨破皮的记忆实在太深刻，这些经历足以让我在每次面对"三农"问题的时候都产生共情；二是对比发现，现在的农业机械化程度已经是我小时候做梦都想不到的样子。我经常开玩笑说，如果当年机械化程度有现在这么高，我就没有那么大的动力好好读书了。

正是因为尝过面朝黄土背朝天的滋味，所以我在人生前17年的所有目标都是离开农村，但是当我读完博士，工作又让我回到农村时，却丝毫没有感觉到与儿时的理想相悖，对农村、农民和庄稼的熟悉感、亲近感竟然从来没有离去。我的很多研究选题，文章里写的是看完文献后发现哪些地方可以创新才做的，其实那只是发表的套路需要，更多的是来自生活，确切地讲就是我曾经亲历的17年农业农村生活和现在观察到的差异很大，这些差异驱使我去问为什么？比如我做种养结合的研究，最初选题的灵感就是我家当时种着5亩多地，养了1头牛、2～3头猪，猪粪、牛粪和人粪最后都要挑到地里去，那是村里每家每户都采取的种养方式，可是现在很少看见这种方式了，所以就驱动我跳出我们那个村子看看在全国层面这些年发生了什么变化。后来这篇文章发表在《自然》杂志的子刊上，在行业领域产生了比较大的学术影响。又如，我做化肥农药减量的研究，有段时间似乎全国人民都说化肥、农药用得太多了，这让我想起小时候的一件事，有一次父母为了防止开袋没用完的化肥受潮，就像珍藏宝贝一样把尿素放在一个米缸里，我意外发现后以为是白糖抓了一把就往嘴里送。我就想难道化肥、农药不是花钱买的吗，农民为什么要多用呢？我就带着这些问题去研究化肥、农药为什么会被过度使用。研究成果有的作为内参提交给部里，有的发表在国内外学术期刊，产生了一定的政策和学术影响。

三、尊重农业的自然属性

我是做农业资源环境研究的，这几年无论是国家还是民众，对农业的污染问题都高度重视，有的干部还因为环保问题被问责、背处分。所以我去各地调研跟基层"三农"系统的同志聊天时，经常听到的一句话："'三农'工作，是干最脏、最累的活儿，有时候还要背最大、最黑的锅。"农业太难了，猪多了说你粪便污染了，肉贵了又说你养猪太少，雾霾了说是因为你烧了秸秆。俗话说，斤粮斤草,产多少粮食,就会产生对应数量的秸秆,猪屁股更是捂不住的。既要吃猪肉,又不想看到猪粪,既要吃粮食,又嫌秸秆碍事,这没有道理。

因此,从农业的自然属性来看,我的一个观点就是要把农业当人看:人要呼吸,农业也需要阳光和空气;人要喝水,农业需要灌溉;人生病了要吃药,动植物得病长虫了也需要用药;人要吃粮,地要吃肥,而且都一样,吃得多,长得多,排得也多。人有胖瘦,农业也有,太胖太瘦都不好。1952年化肥用量是7.8万吨,粮食单产是1.3吨/公顷,那时候环境容量也大,几乎感受不到污染,属于投入低、产出低、排放低的"三低"农业;2020年化肥用量是5 250万吨,粮食单产接近6吨/公顷,属于投入高、产出高、污染高的"三高"农业。就像一个人,以前营养不良,面黄肌瘦的,排泄也有限;现在吃得多,一身肥膘,排泄量自然就大了,又有体检的条件,一查,血压、血脂、血糖都高。

所以我们今天看到很多人批评农业这也污染,那也不安全,其实,在批判农业带来的问题之前,一定要思考"中国农业靠什么养活了14亿人?"耕地是有限的,要装满14亿人的饭碗,而且饭碗里装的主要是自己的粮食,那是什么概念呢?2020年我国化肥的当季吸收率是40.2%,这就是我们现在的技术水平,要产这么多粮食,需要用相当量的化肥。回顾新中国成立后70多年农业发展历程,总体来说可以归纳为:越来越少的农民、数量有限的耕地,通过大量的物资投入,产出了越来越多的农产品,养活了越来越多的人,同时也带来了一定的生态退化和环境污染问题。

吃饭的人越来越多,务农的人越来越少。新中国成立以来,总人口从1949年的54 167万增加到2020年的141 178万,增长约2.6倍。但是由于工业化进程,其中农村人口从1995年的最高值85 947万逐渐下降到2020年的50 979万。每个农民养活人口从1949年的1.1上升至2020年的2.8。快速增长的人口极大增加了食物需求,进而对中国农业发展产生了巨大压力。

有限的自然资源产出越来越多的农产品。由于耕地面积扩张受到中国多山的地理环境限制和粮食市场价格偏低的影响,中国粮食作物播种面积在1949—2020年没有出现显著的变化,基本保持在10 000万~13 000万公顷,但是中国农业仍然取得了巨大成功。粮食产量从1949年的11 318万吨增长至2020年的66 949万吨,人均粮食占有量从1949年的208.95千克上升到2020

年的 474.22 千克，肉类产量从 1980 年的 1 205 万吨快速增长到 2020 年的 7 748 万吨，禽蛋产量从 1982 年的 281 万吨增长到 2020 年的 3 468 万吨，牛奶产量从 1980 年的 114 万吨增长到 2020 年的 3 440 万吨，肉蛋奶人均产量稳步提升，有效地保障了中国的食物供给。

农业丰产的背后是大量的生产资料投入。农用化肥施用量从 1952 年的 7.8 万吨增长到 2020 年的 5 250 万吨（最高为 2015 年的 6 022 万吨），约占全球总量的 35%；农药使用量从 1990 年的 73.3 万吨增长到 2020 年的 131 万吨（最高为 2013 年 180.7 万吨）；农膜使用量从 1990 年的 48.2 万吨增长到 2020 年的 239 万吨；农业机械总动力从 1952 年的 18.4 万千瓦增长到 2020 年的 105 622.2 万千瓦。由于近年中国农业的绿色转型，农业生产资料"减量增效"行动成绩斐然，化肥、农药、农膜的使用量已经在近年间出现下降，不过农业机械总动力一直保持高速增长态势，随着中国农业机械化水平进一步提高，未来还有继续增长的趋势。

高投入、高产出的后果是高排放。农业系统本身就是一个生命系统，大量的化学投入和产生的大量农业废弃物一定程度上不可避免带来了严重农业污染和土壤退化问题。养殖业每年产生近 40 亿吨的畜禽粪污、种植业每年产生超过 10 亿吨的农作物秸秆，其中未被有效利用的部分都将成为致污因子。《第二次全国污染源普查公报》显示，2017 年农业源主要水污染物化学需氧量、总氮、总磷排放量分别达到 1 067.13 万吨、141.49 万吨、21.20 万吨，分别占到全国排放总量的 49.8%、46.5%、67.2%，占据了水污染排放源的"半壁江山"。地膜残留和重金属污染严重，截至 2017 年，地膜多年累积残留量达到 118.48 万吨，近年全国农膜回收率稳定在 80% 左右，部分地区农膜污染形势严峻。《全国土壤污染状况调查公报》显示，2014 年全国耕地土壤点位超标率为 19.4%，其中重金属是主要的污染物。由于土壤污染和不合理使用方式，2019 年中国优等地（质量等级为一至三等的耕地）面积为 6.32 亿亩，仅占耕地总面积的 31.24%，耕地退化形势严峻。

四、政策研究要坚持换位思考

政策关注的对象是人。从人的角度来看，做公共政策研究很重要的一点就是换位思考。研究者不能总站在"上帝视角",更多时候要把自己当作研究对象,尤其是政策系统中的弱势群体。"三农"研究尤其如此,想不通的时候就把自己当个农民来思考。经常看到有文章批评农民过度施用化肥农药污染环境,说农民不理性、环保意识差等,尤其是针对小农户。那咱们是不是先反问一下:难道化肥农药不要钱买吗?污染了环境他能有什么好处?好像都不是,那为什么还会过度使用呢?我一度也在思考这些问题而不得解。2020年初,受新冠疫情影响,居家办公,一日三餐都在家里吃,有时候明明已经吃饱了,看着就剩那一口,实在不忍心倒了,为了不浪费硬撑着吃下去,其实对健康也没什么好处,有时候还要为了多吃的那一口要去楼下跑两圈。通过这段时间我就想通了,小农户化肥用得多一点其实跟咱们多吃那一口剩饭剩菜是一个道理。家里就那一亩三分地,化肥都是整袋买,明明不需要一整袋,但剩那十斤八斤,你叫他扔了,或者留到明年用?不存在的,到明年还得买新的,所以最后就撒到地里去了,施用农药也差不多。既然我们自己也觉得倒掉那口剩饭可惜,那就不难理解小农户为什么会过度施用化肥、农药了。农民不理性、环保意识差,城里人吃剩饭就好到哪里去了?这是人的共性,对于看得见的"浪费"总是更在乎,甚至是我们传统崇尚节约的美德使然。因此,农业减肥减药不能一味强调农民有问题、喊一些提高农民环保意识、加强宣传教育之类的口号,政策研究要多关注那些可以改变的变量,更重要的是,我们能不能在农资供给或农事服务上给农民多一些选择。

做研究要用数据说话。数据是冰冷的,政策却要有温度。政策的目标就是给大家增加福利,带来温暖,光靠冰冷的数据制定不出有温度的政策,而触摸农村社会的温度,最好的方式就是调查研究,蹲下身子倾听了解基层困难和农民的急难愁盼。因为我是农民出身,所以无论是政策研究还是学术研究,我都是更多地采取农民视角,力求让成果为农民服务。

我参与过某省重金属污染地区休耕试点政策评估,当时为了让农民不在重度污染的田里种庄稼,一年补贴1 000多块,比种粮食的收益还高,但还有农民不愿意。一些观点认为农民"贪","给你钱让你闲着,还非得偷偷去种"。可是当我坐在田埂上和那些六七十岁的老农民聊时,他们会说:"我吃了这粮食一辈子,现在六七十岁了,也没啥毛病,你现在不让我种地,我闲着反倒容易生病,所以我就要找些事干,劳动劳动。"我想起了我的老父亲,他与共和国同岁，种了大半辈子地，搬到县城后始终是闲不住，现在七十多了，他还在我哥的店铺旁边支个修鞋摊，基本上只有大年初一才会在我们的挽留下在家坐上一整天，用他的话说就是坐着难受。

在西南某省调研农田石漠化治理项目时，当地干部把我们带到项目点去，我发现一大片地里都按照项目要求种了绿肥，唯独中间一块地里有老两口在收麦子。于是我就坐下来跟老两口聊天，发现不是他们不想进入项目，而是他们跟村干部关系不好，这样一来，他们的地机械进不去只能靠人工，而这块地也成了该项目的一个秃斑。

这些都是鲜活的个案，他们是政策的承受者，也是政策最有资格的评价者，如果研究者不俯下身子、换位思考，就听不到这些声音。

五、农业青年科技工作者的基本素养

以国家"三农"智库研究人员为例，智库建设是国家治理体系和治理能力现代化的重要内容。习近平总书记指出，要从推动科学决策、民主决策，推进国家治理体系和治理能力现代化、增强国家软实力的战略高度，把中国特色新型智库建设作为一项重大而紧迫的任务切实抓好。党的十八届三中全会通过的《中共中央关于全面深化改革若干重大问题的决定》明确提出，要"加强中国特色新型智库建设，建立健全决策咨询制度"。我们的身份是政策的咨询者、参与者和传播者。在研究领域，我们更加偏向应用性研究，目标就是服务决策，除基本的研究技能，还应做到"三讲三有"。

讲政治、有情怀。习近平总书记强调，我们党作为马克思主义政党，必须旗帜鲜明讲政治。讲政治是具体的，从大的来讲，最基本的就是牢固树立"四个意识"，坚决做到"两个维护"，坚定跟党走，全心全意为人民服务；从具体工作层面来讲，我们的选题和建议都要坚持人民立场。民心是最大的政治，为民是最大的情怀。"三农"工作者尤其如此，我们面对的是14亿人吃饱穿暖的问题，而具体从事这些工作的是最弱势的一个大群体，因此，我们必须具有家国情怀、悯农爱农情怀。

讲大局、有高度。放到我们的研究中，就是对"国之大者"要心中有数，选题立意要站在党和国家的高度，至少是站在"三农"工作全局的高度。我们每个人都有自己的专长，可以基于自己的专长从不同角度进行研究，但不能以一域代全局。比如我的专业是环境保护，但是要把农业农村环保放在"三农"工作的大局中去研究，否则就会走偏、过激。比如，前些年一些地方打着环保的旗号，采取"一刀切"的禁养、禁种。如果只从环保角度考虑，似乎问题不大，但是如果从绿色发展的角度来看，这些地方可能是把经念歪了，这些行为不仅损害了农民利益，还降低了政府的公信力，是没有完整准确全面贯彻新发展理念。针对这些问题，我们基于调研撰写的政策建议，对后续政策的调整优化起到了一些建设性作用。

讲真话、有担当。政策研究者要扮演好桥梁的作用，要在科学和人中间、决策者和老百姓中间架设桥梁。如果这个桥梁方向不对，就会把问题引歪，决策者不听还好，要是听了，那简直是误国殃民。作为青年研究人员，我们的大部分研究都未必能被决策者直接看到，但是万一被看到呢？所以要始终保持一份高度的责任感，务求言之有据，把最真实的情况反映给决策者。在农言农、在农爱农，在面对不同利益相关方冲突时，我们要坚定地站在农民这一方。个人也许会因此而"背锅"，但如果我们的坚持能够保护和增加广大农民利益，个人的一点损失或许不算什么。正如习近平总书记所讲："我将无我，不负人民"。

六、"三农"智库青年如何做好政策研究工作

实事求是是最基本的研究态度和方法，基于个人过去十多年的研究，在研究的选题、实施和成果转化三个环节归纳了几点体会。

多种途径定选题，问题导向是根本。经验丰富的政策研究者凭着长期关注某一领域形成的专业敏感性，很容易就抓住本领域的重要问题。对于青年研究人员，选题从哪来？至少有四个途径：一是从重大政策文本中寻找本领域的重点选题，例如党中央、国务院的重要会议公报、决议文件和中央1号文件等；二是了解重大突发事件，基于长期的积累从自身的专业视角找到切入点，在关键时刻，从不缺席；三是根据上级交办的工作，越高层的"命题作文"重要性越高；四是随着个人专业敏感度的不断提升，形成专业嗅觉，很快就能将获得的各类信息综合成适合自己的选题。

俯下身子听民声，换位思考解疑惑。 我们做研究碰到一个问题，通常有几个途径帮助我们找答案：一是向理论找答案；二是向历史找答案；三是向国际找答案。对"三农"政策研究而言，最重要的是向实践、向基层找答案。很多时候，农民才是制度创新的最大贡献者，我们只是把农民的智慧总结出来。调查研究可以让我们听到更多有温度的声音，换位思考则有助于我们理解"不合理"。研究者不能总是把自己放到"上帝视角"，更多时候要把自己当作研究对象，尤其是政策系统中的弱势群体，要坐下来和农民慢慢聊，把他们当作我们的父亲、兄长去聊天，听听他们心里是怎么想的。

趁热打铁著文章，内外有别输成果。 政策研究的很多任务具有较强的时效性，尤其是一些突发事件或紧急任务，甚至要求在返程下飞机的时候就拿出报告初稿，加之我们承担的任务很多，如果不及时转化，过一段时间调研的实感就变淡了，判断也就没那么准了。因此，在充分掌握事实的情况下，要以最快的速度写出第一稿，后续可以根据任务的紧急程度修改完善。

在输出成果上要内外有别。无论是写内参还是公开发表论文，都要坚持实事求是的原则，但受众不同，其阅读目标、产生的效应也不一样，写作范式也会有所区别。例如，针对单一食品安全事件的调查，案例地区可能触目惊心，内部报告中写得越具体越好，而对外发表，调研成果转化为公开论文时，在体例、语言、详略等方面要处理好案例与全局的关系，要考虑社会影响，要避免传播后产生以偏概全、误导公众，以致引发社会恐慌的不良社会影响。还有一些政策出台前的调研，由于可能对后续政策有引导性，因此要严格遵守保密纪律。总之，服务决策、促进政策问题的解决是智库研究的首要目标。智库研究的最重要成果是政策咨询报告，这些报告可能是内部的，有些甚至不宜发表，公开发表论文可以为做好决策咨询工作积累技能，也可以是完成决策咨询工作后的副产品。部分公开发表的论文只是研究解决问题后的副产品。